Formeln

Mathematik
Physik
Technik und Informatik
Chemie

von
Dieter Baum, Hannes Klein
und Thilo Schmid

Grundlagen	2
Algebra/Funktionen	6
Geometrie/Stereometrie	10
Trigonometrie	18
Daten und Sachrechnen	20
Wahrscheinlichkeit	24
Physik	26
Technik und Informatik	29
Chemie	32
Stichwortverzeichnis	38

Cornelsen

Mathematische Zeichen

=	gleich	$\|a\|$	Betrag von a
≠	nicht gleich, ungleich	Σ	Summe
<	kleiner als	Δ	Differenz
≤	kleiner oder gleich	∈	Element von
>	größer als	∉	nicht Element von
≥	größer oder gleich	{ }; ∅	leere Menge
≈	ungefähr gleich, rund, etwa	∪	Vereinigungsmenge [ODER]
≙	entspricht	∩	Schnittmenge [UND]
~	proportional; ähnlich (geometrisch)	\	ohne
≅	kongruent, deckungsgleich	$\mathbb{N}_0$	Menge der natürlichen Zahlen
‖	parallel zu	$\mathbb{Z}$	Menge der ganzen Zahlen
⊥	rechtwinklig zu, senkrecht auf	$\mathbb{Q}$	Menge der rationalen Zahlen
∡	Winkel	$\mathbb{R}$	Menge der reellen Zahlen
⊾	rechter Winkel (90°)	D	Definitionsmenge
$\overline{AB}$	Strecke mit den Endpunkten A und B	G	Grundmenge
∞	unendlich	L	Lösungsmenge

Griechische Buchstaben

α	β	γ	δ	ε	ζ	η	ϑ	ι	$\varkappa$	λ	μ
Alpha	Beta	Gamma	Delta	Epsilon	Zeta	Eta	Theta	Jota	Kappa	Lambda	My
ν	ξ	o	π	ϱ	σ	τ	υ	φ	χ	ψ	ω
Ny	Xi	Omikron	Pi	Rho	Sigma	Tau	Ypsilon	Phi	Chi	Psi	Omega

Verwendete Großbuchstaben: Δ – Delta Ω – Omega Σ – Sigma

Griechische Zahlwörter

1	Mono	5	Penta	9	Ennea	15	Pentadeka
2	Di	6	Hexa	10	Deka	16	Hexadeka
3	Tri	7	Hepta	11	Hendeka	17	Heptadeka
4	Tetra	8	Okta	12	Dodeka	Viele	Poly

Grundlagen

Maßeinheiten

Längenmaße	1 km = 1000 m	→ 1 m = 0,001 km	Umwandlungszahl ist 10
	1 m = 10 dm	→ 1 dm = 0,1 m	
	1 dm = 10 cm	→ 1 cm = 0,1 dm	
	1 cm = 10 mm	→ 1 mm = 0,1 cm	

Flächenmaße	1 km^2 = 100 ha	→ 1 ha = 0,01 km^2	Umwandlungszahl ist 100
	1 ha = 100 a	→ 1 a = 0,01 ha	
	1 a = 100 m^2	→ 1 m^2 = 0,01 a	
	1 m^2 = 100 dm^2	→ 1 dm^2 = 0,01 m^2	
	1 dm^2 = 100 cm^2	→ 1 cm^2 = 0,01 dm^2	
	1 cm^2 = 100 mm^2	→ 1 mm^2 = 0,01 cm^2	

Raummaße	1 m^3 = 1000 dm^3	→ 1 dm^3 = 0,001 m^3	Umwandlungszahl ist 1000
	1 dm^3 = 1000 cm^3	→ 1 cm^3 = 0,001 dm^3	
	1 cm^3 = 1000 mm^3	→ 1 mm^3 = 0,001 cm^3	

Hohlmaße	1 hl = 100 l	
	1 l = 10 dl	1 l = 1 dm^3
	1 l = 100 cl	1 l = 1000 cm^3
	1 l = 1000 ml	

Gewichte	1 t = 1000 kg	→ 1 kg = 0,001 t	Umwandlungszahl ist 1000
	1 kg = 1000 g	→ 1 g = 0,001 kg	
	1 g = 1000 mg	→ 1 mg = 0,001 g	

Vorsilben bei Maßeinheiten

Vorsilbe	Zeichen	Vielfaches der Maßeinheit	Vorsilbe	Zeichen	Vielfaches der Maßeinheit
Tera	T	$1\,000\,000\,000\,000 = 10^{12}$	Dezi	d	$0{,}1 = 10^{-1}$
Giga	G	$1\,000\,000\,000 = 10^{9}$	Zenti	c	$0{,}01 = 10^{-2}$
Mega	M	$1\,000\,000 = 10^{6}$	Milli	m	$0{,}001 = 10^{-3}$
Kilo	k	$1\,000 = 10^{3}$	Mikro	μ	$0{,}000\,001 = 10^{-6}$
Hekto	h	$100 = 10^{2}$	Nano	n	$0{,}000\,000\,001 = 10^{-9}$
Deka	da	$10 = 10^{1}$	Piko	p	$0{,}000\,000\,000\,001 = 10^{-12}$

Bezeichnungen

Addition					Subtraktion				
a	+	b	=	c	a	−	b	=	c
Summand	+	Summand	=	Summe	Minuend	−	Subtrahend	=	Differenz
Multiplikation					**Division**				
a	·	b	=	c	a	:	b	=	c
Faktor	·	Faktor	=	Produkt	Dividend	:	Divisor	=	Quotient

Rechengesetze

Kommutativgesetz

Addition
$a + b = b + a$

Multiplikation
$a \cdot b = b \cdot a$

Assoziativgesetz

Addition
$a + (b + c) = (a + b) + c$

Multiplikation
$a \cdot (b \cdot c) = (a \cdot b) \cdot c$

Distributivgesetz

$a \cdot (b + c) = a \cdot b + a \cdot c$

$(a + b) : c = a : c + b : c$

Satz vom Nullprodukt

Ein Produkt ist genau dann null, wenn einer der Faktoren null ist.
a · b = 0 ⇔ a = 0 oder b = 0

Termumformungen

Ausmultiplizieren
$a \cdot (b + c - d) = a \cdot b + a \cdot c - a \cdot d$

Ausklammern
$ab + ac - ad = a \cdot (b + c - d)$

Multiplikation von Summen
$(a + b) \cdot (c + d) = a \cdot c + a \cdot d + b \cdot c + b \cdot d$

Binomische Formeln

1. Binomische Formel: $(a + b)^2 = a^2 + 2 \cdot a \cdot b + b^2$

2. Binomische Formel: $(a - b)^2 = a^2 - 2 \cdot a \cdot b + b^2$

3. Binomische Formel: $(a + b) \cdot (a - b) = a^2 - b^2$

Grundlagen

Potenzen

a^n — Basis ($a \neq 0$), Exponent ($n \in \mathbb{N}_0$), Potenz

$a^n = \underbrace{a \cdot a \cdot a \cdot \ldots \cdot a}_{n \text{ Faktoren}}$

$a^0 = 1$ $\qquad a^{-1} = \dfrac{1}{a} \qquad \left(\dfrac{a}{b}\right)^{-n} = \left(\dfrac{b}{a}\right)^n$

$a^1 = a \qquad a^{-n} = \dfrac{1}{a^n}$

Rechengesetze

gleiche Basis	gleicher Exponent	Potenzieren
$a^m \cdot a^n = a^{m+n}$	$a^n \cdot b^n = (a \cdot b)^n$	$(a^m)^n = a^{m \cdot n}$
$a^m : a^n = a^{m-n}$	$a^n : b^n = \dfrac{a^n}{b^n} = \left(\dfrac{a}{b}\right)^n$	

Wurzeln

$\sqrt[n]{a}$ — Radikand ($a \geq 0$), Wurzelexponent ($n \in \mathbb{N}_0 \setminus \{0\}$), Wurzel

Quadratwurzel

$\sqrt{a} = b$ bedeutet $b^2 = a$

$\sqrt{a} = \sqrt[2]{a}$

n-te Wurzel

$\sqrt[n]{a} = b$ bedeutet $b^n = a$

$\sqrt[n]{a} = a^{\frac{1}{n}}$

Rechengesetze

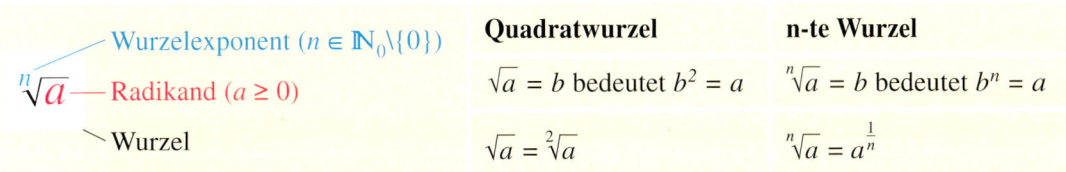

	Quadratwurzel	Allgemein
Potenzschreibweise	$\sqrt{a} = a^{\frac{1}{2}}$	$\sqrt[n]{a} = a^{\frac{1}{n}}$
Umkehrrechnung	$(\sqrt{a})^2 = \sqrt{a^2} = a$	$(\sqrt[n]{a})^n = \sqrt[n]{a^n} = a$
Multiplizieren	$\sqrt{a} \cdot \sqrt{b} = \sqrt{a \cdot b}$	$\sqrt[n]{a} \cdot \sqrt[n]{b} = \sqrt[n]{a \cdot b}$
Dividieren	$\sqrt{a} : \sqrt{b} = \sqrt{a : b} = \sqrt{\dfrac{a}{b}}$	$\sqrt[n]{a} : \sqrt[n]{b} = \sqrt[n]{a : b} = \sqrt[n]{\dfrac{a}{b}}$
teilweises Wurzelziehen (Radizieren)	$\sqrt{a^2 b} = a\sqrt{b}$ $\sqrt{18a^2 b} = \sqrt{2 \cdot 9a^2 b} = 3a\sqrt{2b}$	

Logarithmen

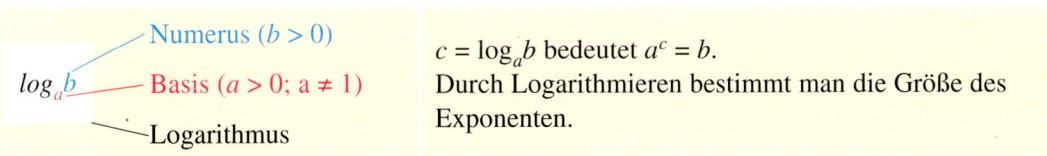

$\log_a b$ — Basis ($a > 0$; $a \neq 1$), Numerus ($b > 0$), Logarithmus

$c = \log_a b$ bedeutet $a^c = b$.
Durch Logarithmieren bestimmt man die Größe des Exponenten.

Algebra/Funktionen

Quadratische Gleichungen

	Normalform	Allgemeine Form
Gleichung	$x^2 + px + q = 0$	$ax^2 + bx + c = 0$
Lösung	$x_{1/2} = -\dfrac{p}{2} \pm \sqrt{\left(\dfrac{p}{2}\right)^2 - q}$	$x_{1/2} = \dfrac{-b \pm \sqrt{b^2 - 4ac}}{2a}$
Diskriminante	$D = \left(\dfrac{p}{2}\right)^2 - q$	$D = b^2 - 4ac$
Anzahl der Lösungen	$D > 0$: zwei verschiedene $\quad D = 0$: genau eine $\quad D < 0$: keine	
Satz von Vieta	Für die Lösungen x_1 und x_2 einer quadratischen Gleichung gilt: $\quad x_1 + x_2 = -p$ und $x_1 \cdot x_2 = q$	$x_1 + x_2 = -\dfrac{b}{a}$ und $x_1 \cdot x_2 = \dfrac{c}{a}$
Zerlegung in Linearfaktoren	Für die Lösungen x_1 und x_2 gilt weiterhin: $\quad x^2 + px + q = (x - x_1)(x - x_2)$	$ax^2 + bx + c = a(x - x_1)(x - x_2)$

Lineare Funktionen

$$y = mx + c$$

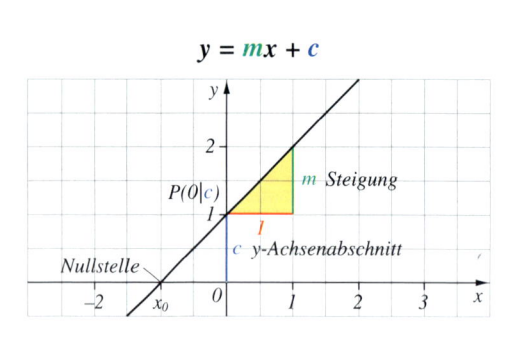

$$y = \frac{m_y}{m_x}x + c$$

Steigung in Bruchdarstellung

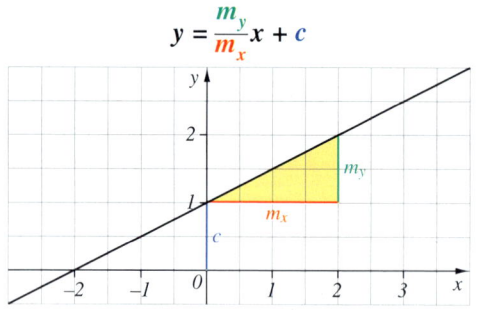

Steigung m berechnen:

$$m = \frac{y_2 - y_1}{x_2 - x_1} = \tan \alpha$$

Länge der Strecke $\overline{P_1P_2}$ berechnen:

$$\overline{P_1P_2} = \sqrt{(x_2 - x_1)^2 + (y_2 - y_1)^2}$$

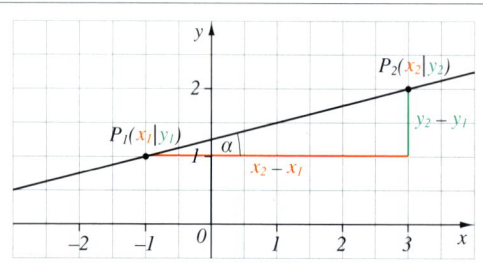

Zueinander senkrechte Geraden

Zwei Geraden g_1 und g_2 stehen senkrecht aufeinander, wenn für ihre Steigungen m_1 und m_2 gilt: $m_1 \cdot m_2 = -1$

Quadratische Funktionen

Normalparabel $y = x^2$
Scheitelpunkt S(0|0)

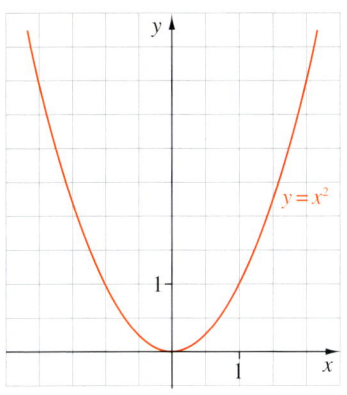

Parabel der Form $y = ax^2$
Scheitelpunkt S(0|0)

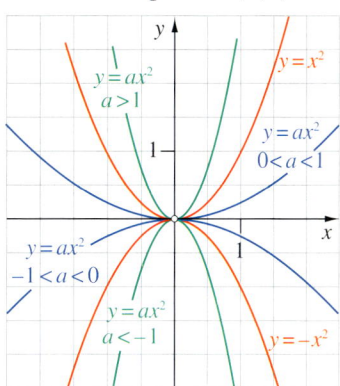

Verschobene Normalparabeln

Verschiebung entlang der y-Achse:
$y = x^2 + c \rightarrow S(0|c)$

Verschiebung entlang der x-Achse:
$y = (x - d)^2 \rightarrow S(d|0)$

Verschiebung in x-Richtung und in y-Richtung:
$y = (x - d)^2 + e \rightarrow S(d|e)$

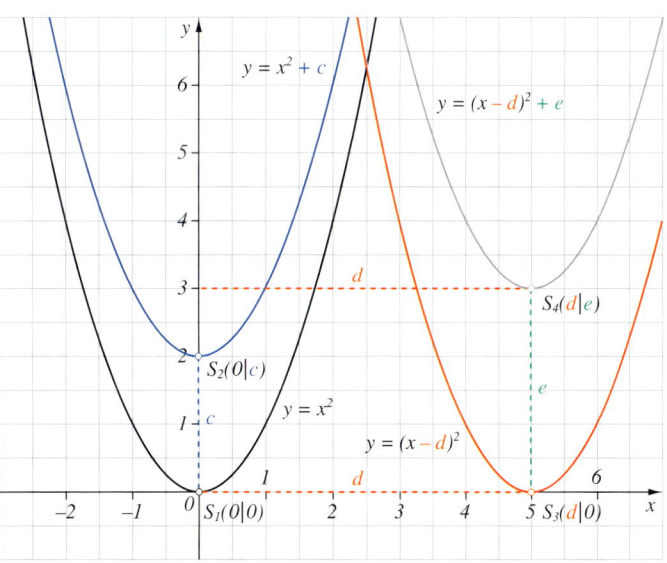

Normalform und Scheitelform

Funktionsgleichungen, die in der Normalform $y = x^2 + bx + c$ vorliegen, kann man mithilfe der **quadratischen Ergänzung** in die Scheitelform $y = (x - d)^2 + e$ umformen.
Aus der Scheitelform können die Koordinaten des Scheitelpunktes abgelesen werden.

Beispiel:
$y = x^2 - 6x + 4$
$y = x^2 - 6x + \left(\frac{6}{2}\right)^2 + 4 - \left(\frac{6}{2}\right)^2$
$y = \underbrace{(x - 3)^2}\ \underbrace{- 5}$
$\Rightarrow S(3|-5)$

Algebra/Funktionen

Allgemeine Form der quadratischen Funktion $y = ax^2 + bx + c$

Scheitelform: $y = a(x - d)^2 + e \rightarrow S(d|e)$

Umformen von Funktionsgleichungen von der allgemeinen Form in die Scheitelform:

Beispiel:
$y = 2x^2 - 12x + 20$
$y = 2(x^2 - 6x + 10)$
$y = 2\left[x^2 - 6x + \left(\frac{6}{2}\right)^2 + 10 - \left(\frac{6}{2}\right)^2\right]$
$y = 2[\underbrace{(x-3)^2} + \underbrace{1}]$
$y = 2(x-3)^2 + 2$
$\Rightarrow S(3|2)$

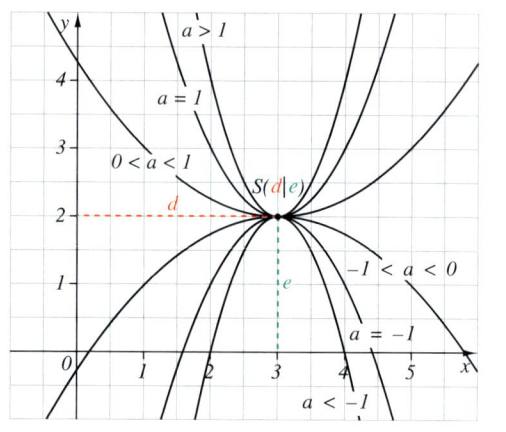

Potenzfunktionen $y = f(x) = x^n$

positive Exponenten ($n \in \mathbb{N}_0$, $n > 0$)

n gerade
Graphen: Parabeln (symmetrisch zur y-Achse)
Definitionsmenge: $x \in \mathbb{R}$
Wertemenge: $y \in \mathbb{R}$, $y \geq 0$
gemeinsame Punkte aller Graphen: $(-1|1)$, $(0|0)$, $(1|1)$

n ungerade
Graphen: Parabeln (symmetrisch zum Ursprung)
Definitionsmenge: $x \in \mathbb{R}$
Wertemenge: $y \in \mathbb{R}$
gemeinsame Punkte aller Graphen: $(-1|-1)$, $(0|0)$, $(1|1)$

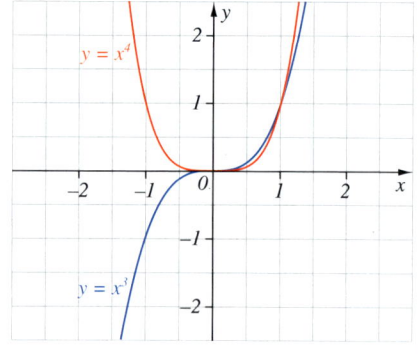

negative Exponenten ($n \in \mathbb{Z}$, $n < 0$)

n gerade
Graphen: Hyperbeln (symmetrisch zur y-Achse)
Definitionsmenge: $x \in \mathbb{R}$, $x \neq 0$
Wertemenge: $y \in \mathbb{R}$, $y > 0$
gemeinsame Punkte aller Graphen: $(-1|1)$, $(1|1)$

n ungerade
Graphen: Hyperbeln (symmetrisch zum Ursprung)
Definitionsmenge: $x \in \mathbb{R}$, $x \neq 0$
Wertemenge: $y \in \mathbb{R}$, $y \neq 0$
gemeinsame Punkte aller Graphen: $(-1|-1)$, $(1|1)$

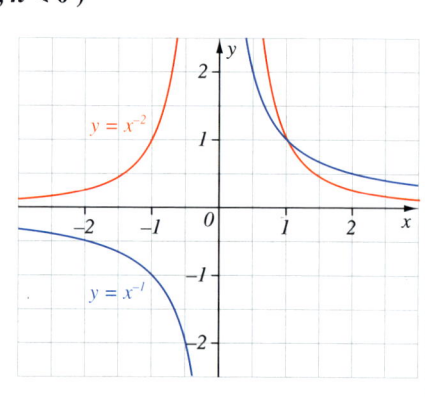

Algebra/Funktionen

Wurzelfunktionen

Funktionsgleichung: $y = f(x) = \sqrt[n]{x} = x^{\frac{1}{n}}$

$(n \in \mathbb{N}_0 \setminus \{0\}, n$ gerade$)$

Definitionsmenge: $x \in \mathbb{R}, x \geq 0$

Wertemenge: $y \in \mathbb{R}, y \geq 0$

gemeinsame Punkte aller Graphen: $(0|0), (1|1)$

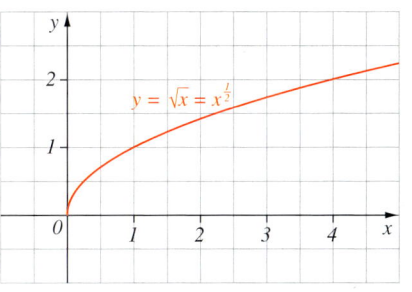

Exponentialfunktionen

Funktionsgleichung: $y = f(x) = a^x$

$(a \in \mathbb{R}, a > 0, a \neq 1)$

Definitionsmenge: $x \in \mathbb{R}$

Wertemenge: $y \in \mathbb{R}, y > 0$

gemeinsamer Punkt aller Graphen: $(0|1)$

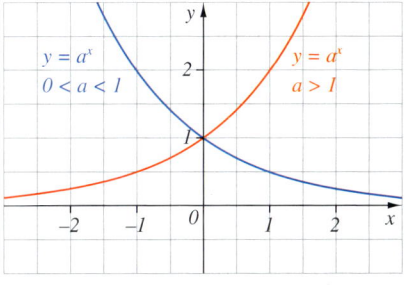

Streckung/Stauchung parallel zur y-Achse
$y = f(x) = c \cdot a^x$

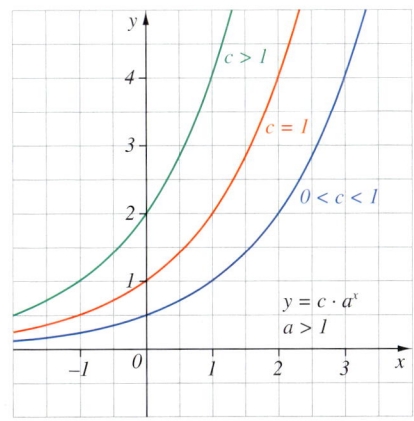

Ist der Faktor c negativ, wird der Graph zusätzlich an der x-Achse gespiegelt.

Verschiebung in y-Richtung
$y = f(x) = a^x + d$

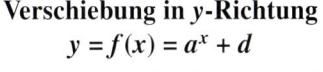

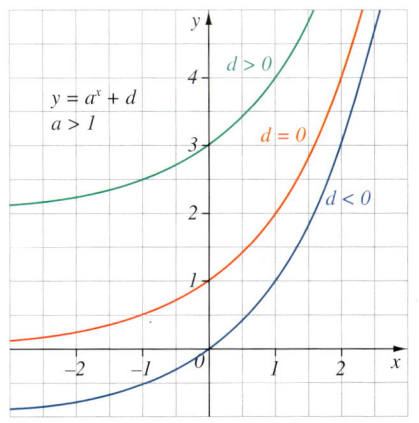

Winkelgrößen

spitzer Winkel $0° < α < 90°$	rechter Winkel $α = 90°$	stumpfer Winkel $90° < α < 180°$
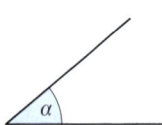	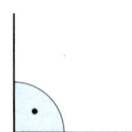	
gestreckter Winkel $α = 180°$	**überstumpfer Winkel** $180° < α < 360°$	**Vollwinkel** $α = 360°$
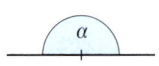	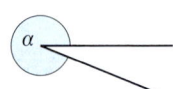	

Winkel an sich schneidenden Geraden

Nebenwinkel $α + β = 180°$	Scheitelwinkel $α = β$	Stufenwinkel $α = β$ und $γ = δ$	Wechselwinkel $α = β$ und $γ = δ$
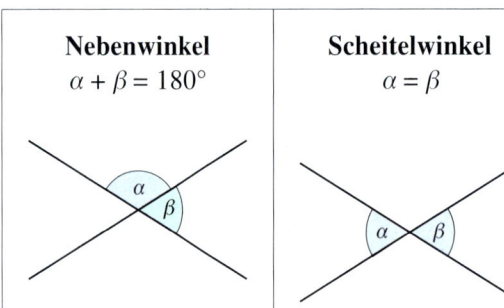		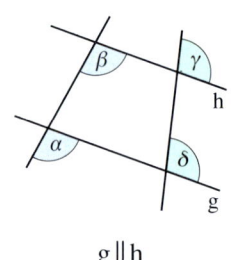 $g \parallel h$	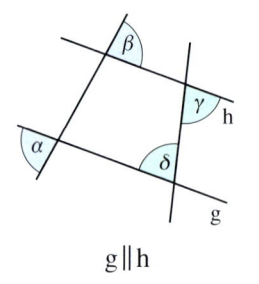 $g \parallel h$

Winkelsummen

Dreieck	Viereck	n-Eck
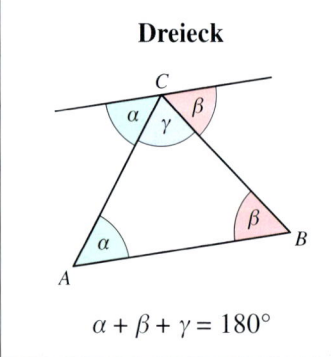	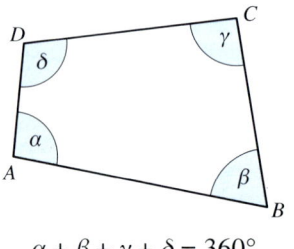	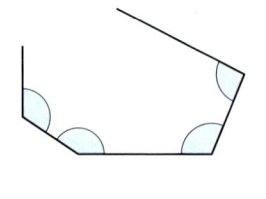
$α + β + γ = 180°$	$α + β + γ + δ = 360°$	$(n - 2) \cdot 180°$

Kongruenzsätze

Zwei Dreiecke sind zueinander **kongruent** (deckungsgleich), wenn sie in **drei Seiten** übereinstimmen. **(SSS)**		Zwei Dreiecke sind zueinander **kongruent**, wenn sie in **einer Seite und den anliegenden Winkeln** übereinstimmen. **(WSW)**	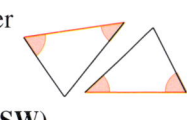
Zwei Dreiecke sind zueinander **kongruent**, wenn sie in **zwei Seiten und dem eingeschlossenen Winkel** übereinstimmen. **(SWS)**	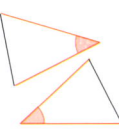	Zwei Dreiecke sind zueinander **kongruent**, wenn sie in **zwei Seiten und dem Winkel** übereinstimmen, der **der längeren Seite gegenüberliegt**. **(SSW)**	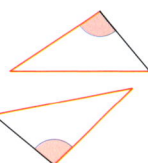

Ähnlichkeitssätze

Zwei **Dreiecke** sind **ähnlich**, wenn sie
- in **zwei Winkeln** übereinstimmen $\qquad \alpha = \alpha'; \beta = \beta'$

oder
- im **Längenverhältnis aller** einander entsprechenden **Seiten** übereinstimmen $\qquad a : a' = b : b' = c : c'$

oder
- in **einem Winkel** und dem **Verhältnis der anliegenden Seiten** übereinstimmen. $\qquad \gamma = \gamma'; a : a' = b : b'$

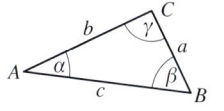
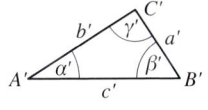

Strahlensätze

1. Strahlensatz $\qquad \dfrac{\overline{SA_1}}{\overline{SA_2}} = \dfrac{\overline{SB_1}}{\overline{SB_2}} \qquad$ oder $\qquad \dfrac{\overline{SA_1}}{\overline{SB_1}} = \dfrac{\overline{SA_2}}{\overline{SB_2}}$

2. Strahlensatz $\qquad \dfrac{\overline{SA_1}}{\overline{A_1A_2}} = \dfrac{\overline{SB_1}}{\overline{B_1B_2}} \qquad$ oder $\qquad \dfrac{\overline{A_1A_2}}{\overline{B_1B_2}} = \dfrac{\overline{SA_1}}{\overline{SB_1}} = \dfrac{\overline{SA_2}}{\overline{SB_2}}$

1. Fall

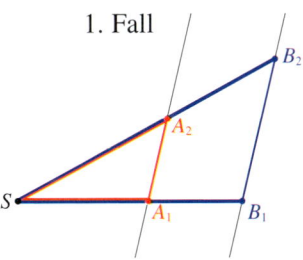

2. Fall

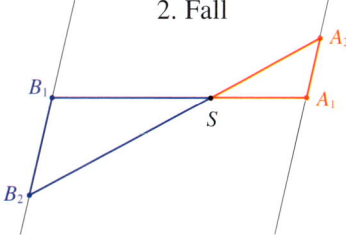

Zentrische Streckung

Es gilt: $\dfrac{a'}{a} = \dfrac{b'}{b} = \dfrac{c'}{c} = k$

oder: $\overline{ZA'} = k \cdot \overline{ZA}$

k: Streckungsfaktor
Z: Streckungszentrum

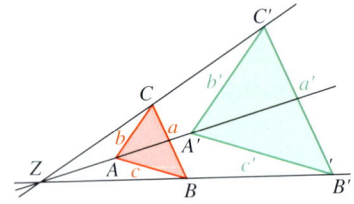

Ortslinien

In der Geometrie werden Linien, die aus Punkten mit gemeinsamen Eigenschaften bestehen, als **Ortslinien** bezeichnet.

Besondere Linien und Punkte im Dreieck

Mittelsenkrechte und Umkreis

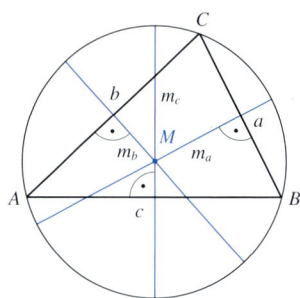

Die drei **Mittelsenkrechten** schneiden sich in einem Punkt.
Er ist der Mittelpunkt M des **Umkreises**.

Winkelhalbierende und Inkreis

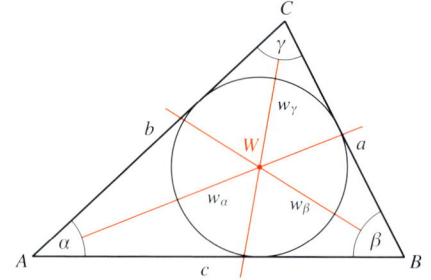

Die drei **Winkelhalbierenden** schneiden sich in einem Punkt.
Er ist der Mittelpunkt W des **Inkreises**.

Höhen

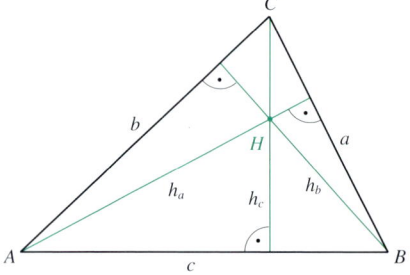

Die drei **Höhen** schneiden sich in einem Punkt H.

Seitenhalbierende und Schwerpunkt

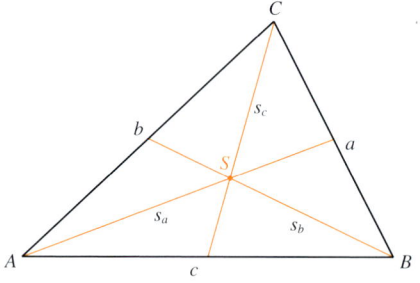

Die drei **Seitenhalbierenden** schneiden sich in einem Punkt im Verhältnis $2:1$.
Er ist der Schwerpunkt S des Dreiecks.

Flächeninhalt (A) und Umfang (u) von Dreiecken

allgemeines Dreieck	rechtwinkliges Dreieck	gleichseitiges Dreieck
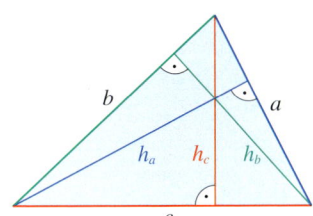	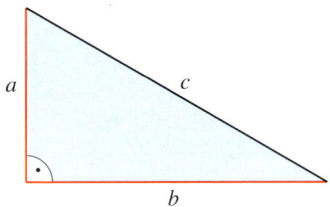	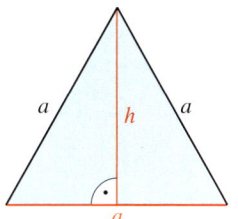
$A = \dfrac{c \cdot h_c}{2} = \dfrac{b \cdot h_b}{2} = \dfrac{a \cdot h_a}{2}$	$A = \dfrac{a \cdot b}{2}$	$A = \dfrac{a^2}{4} \cdot \sqrt{3} \qquad h = \dfrac{a}{2} \cdot \sqrt{3}$
$u = a + b + c$	$u = a + b + c$	$u = 3 \cdot a$

Flächensätze am rechtwinkligen Dreieck

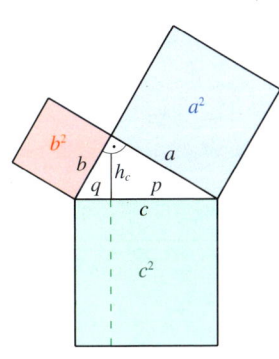

Satz des Pythagoras
$c^2 = a^2 + b^2$

Umkehrung des Satzes von Pythagoras
Entspricht in einem Dreieck die Summe der Flächeninhalte der Quadrate über zwei Seiten dem Flächeninhalt des Quadrates über der dritten Seite, so ist das Dreieck rechtwinklig.

Höhensatz
$h_c^{\,2} = p \cdot q$

Kathetensatz
$a^2 = c \cdot p$
$b^2 = c \cdot q$

a, b Katheten
c Hypotenuse
p, q Hypotenusenabschnitte
h_c Höhe auf der Seite c

Satz des Thales

Alle Dreiecke im Halbkreis sind rechtwinklig. Es gilt auch: Ist ein Dreieck bei C rechtwinklig, so liegt C auf dem Halbkreis über $\overline{AB}$.

Winkel im Kreis

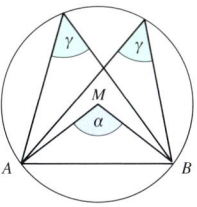

Alle Umfangswinkel γ über einer Strecke $\overline{AB}$ sind gleich und halb so groß wie der Mittelpunktswinkel α über $\overline{AB}$.

Flächeninhalt (A) und Umfang (u) von weiteren Figuren

Quadrat

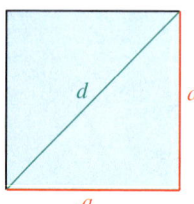

$A = a^2$

$u = 4 \cdot a$

$d = a \cdot \sqrt{2}$

Rechteck

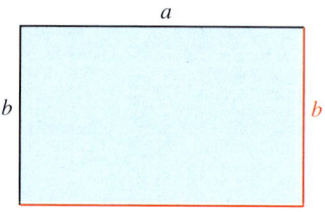

$A = a \cdot b$

$u = 2 \cdot (a + b) = 2 \cdot a + 2 \cdot b$

Trapez

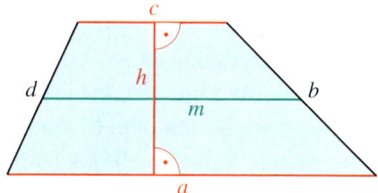

$A = \dfrac{a + c}{2} \cdot h = m \cdot h$

$u = a + b + c + d$

Parallelogramm

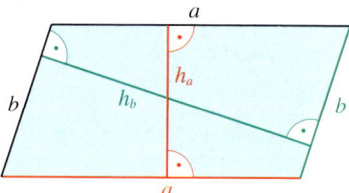

$A = a \cdot h_a = b \cdot h_b$

$u = 2 \cdot (a + b) = 2 \cdot a + 2 \cdot b$

Raute

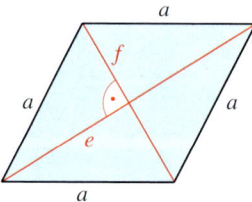

$A = \dfrac{e \cdot f}{2}$

$u = 4 \cdot a$

Drachen

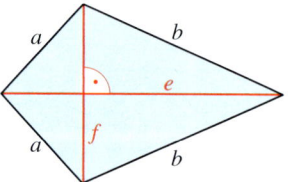

$A = \dfrac{e \cdot f}{2}$

$u = 2 \cdot (a + b) = 2 \cdot a + 2 \cdot b$

Geometrie/Stereometrie

Regelmäßiges Sechseck

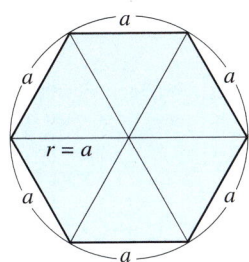

$A = \dfrac{3 \cdot a^2}{2} \cdot \sqrt{3}$

$u = 6 \cdot a$

Regelmäßiges Vieleck (n-Eck)

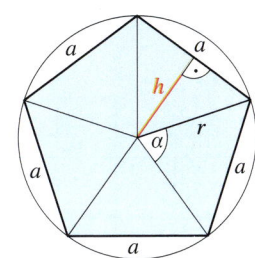

z.B.: $n = 5$ regelmäßiges Fünfeck

n Anzahl der Ecken

$\alpha = \dfrac{360°}{n}$

$A = n \cdot \dfrac{a \cdot h}{2} = n \cdot \dfrac{r^2}{2} \cdot \sin \alpha$

$u = n \cdot a$

Kreis

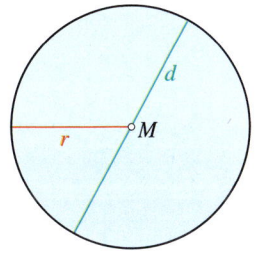

$A = \pi \cdot r^2 = \pi \cdot \dfrac{d^2}{4}$

$u = 2 \cdot \pi \cdot r = \pi \cdot d$

Kreisring

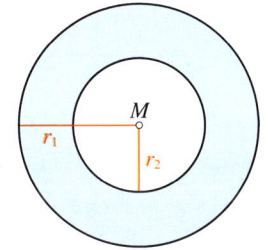

$A = \pi \cdot r_1^2 - \pi \cdot r_2^2$

$u = 2 \cdot \pi \cdot r_1 + 2 \cdot \pi \cdot r_2$

Kreisausschnitt

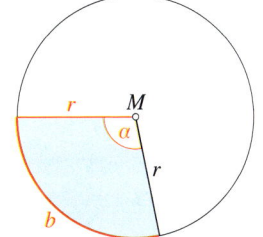

$A = \dfrac{\pi \cdot r^2 \cdot \alpha}{360°} = \dfrac{b \cdot r}{2}$

$b = \dfrac{\pi \cdot r \cdot \alpha}{180°}$

Sekante – Sehne – Tangente

Eine **Sekante** ist eine Gerade, die die Kreislinie in zwei Punkten schneidet.

Eine **Sehne** verbindet zwei Punkte der Kreislinie.

Eine **Tangente** berührt die Kreislinie und bildet mit dem Radius im Berührpunkt B einen rechten Winkel.

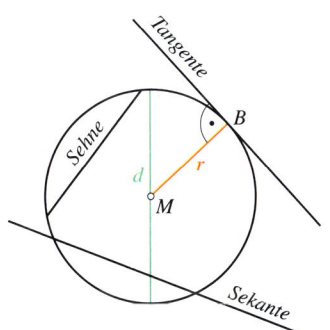

Kreisabschnitt

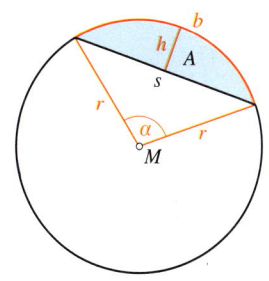

$A = \dfrac{\pi \cdot r^2 \cdot \alpha}{360°} - \dfrac{r^2 \cdot \sin \alpha}{2}$

Geometrie/Stereometrie

Volumen (*V*), Mantel- (*M*) und Oberflächeninhalt (*O*) von Körpern

Würfel

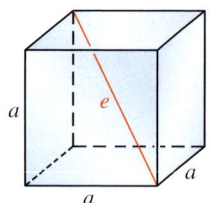

$V = a^3$ $\quad\quad O = 6 \cdot a^2$

$e = a \cdot \sqrt{3}$

Quader

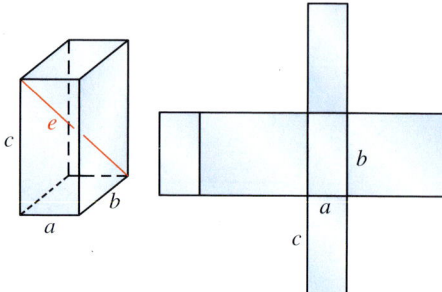

$V = a \cdot b \cdot c \quad O = 2 \cdot a \cdot b + 2 \cdot a \cdot c + 2 \cdot b \cdot c$

$e = \sqrt{a^2 + b^2 + c^2}$

Prismen

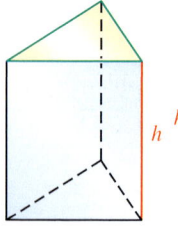 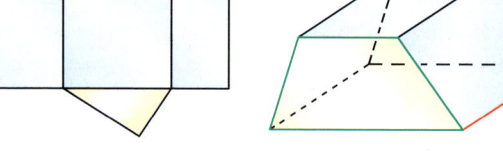 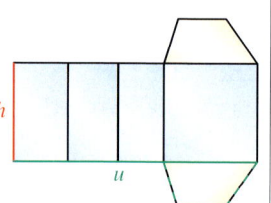

$V = G \cdot h \quad\quad O = 2 \cdot G + M$

$ M = u \cdot h$

Zylinder

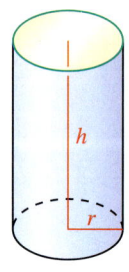 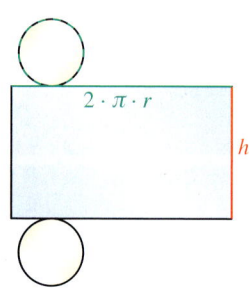

$V = \pi \cdot r^2 \cdot h \quad\quad O = 2 \cdot \pi \cdot r^2 + 2 \cdot \pi \cdot r \cdot h$

$ M = 2 \cdot \pi \cdot r \cdot h$

Kugel

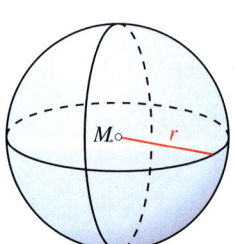

$V = \dfrac{4}{3} \cdot \pi \cdot r^3 \quad\quad O = 4 \cdot \pi \cdot r^2$

Geometrie/Stereometrie

Spitze Körper

$V = \frac{1}{3} \cdot G \cdot h \qquad O = G + M$

Pyramide quadratisch

$V = \frac{1}{3} \cdot a^2 \cdot h$

$O = a^2 + 2 \cdot a \cdot h_s$

$M = 2 \cdot a \cdot h_s$

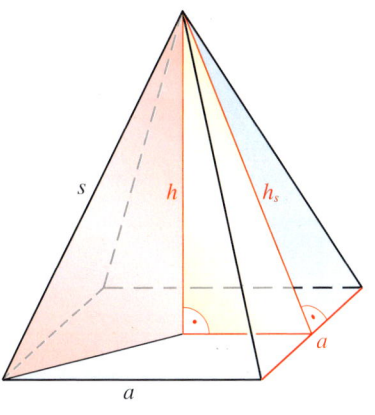

Pyramide n-seitig – regelmäßig

$V = \frac{1}{3} \cdot n \cdot \frac{a \cdot h_a}{2} \cdot h$

$O = n \cdot \frac{a \cdot h_a}{2} + n \cdot \frac{a \cdot h_s}{2}$

$M = n \cdot \frac{a \cdot h_s}{2}$

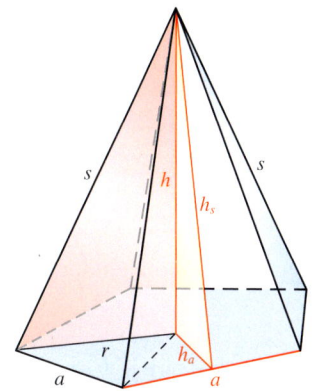

Pyramide sechsseitig – regelmäßig

$V = \frac{1}{2} \cdot \sqrt{3} \cdot a^2 \cdot h$

$O = \frac{3}{2} \cdot a^2 \cdot \sqrt{3} + 3 \cdot a \cdot h_s$

$M = 3 \cdot a \cdot h_s$

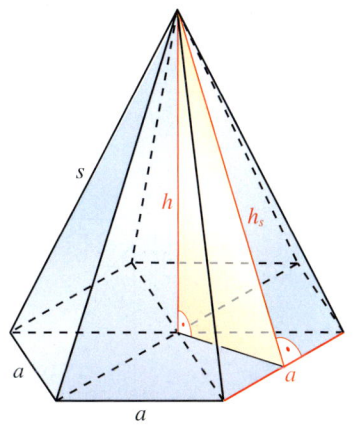

Kreiskegel

$V = \frac{1}{3} \cdot \pi \cdot r^2 \cdot h$

$O = \pi \cdot r^2 + \pi \cdot r \cdot s$

$M = \pi \cdot r \cdot s$

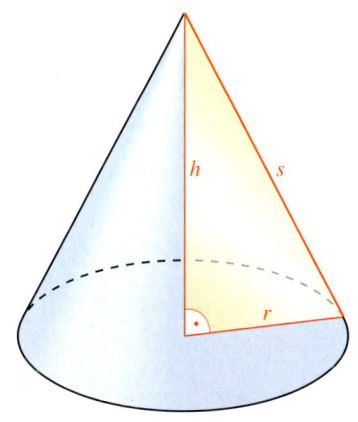

Trigonometrie

Sinus, Kosinus, Tangens

Im rechtwinkligen Dreieck gilt:

$\sin \alpha = \dfrac{\text{Gegenkathete}}{\text{Hypotenuse}} = \dfrac{a}{c}$

$\cos \alpha = \dfrac{\text{Ankathete}}{\text{Hypotenuse}} = \dfrac{b}{c}$

$\tan \alpha = \dfrac{\text{Gegenkathete}}{\text{Ankathete}} = \dfrac{a}{b}$

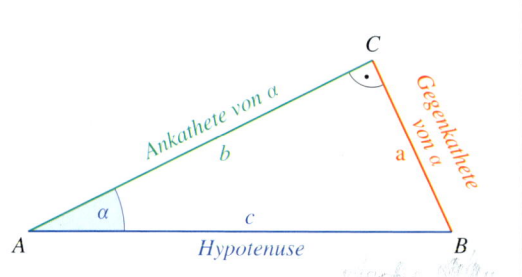

Beziehungen zwischen den Winkelfunktionen

$\sin^2 \alpha + \cos^2 \alpha = 1$ $\qquad \cos \alpha = \sin(90° - \alpha)$

$\tan \alpha = \dfrac{\sin \alpha}{\cos \alpha}$ $\qquad \sin \alpha = \cos(90° - \alpha)$

Einheitskreis

Vorzeichen bei entsprechenden Winkelgrößen

	$\sin \alpha$	$\cos \alpha$
0° < α < 90°	+	+
90° < α < 180°	+	−
180° < α < 270°	−	−
270° < α < 360°	−	+

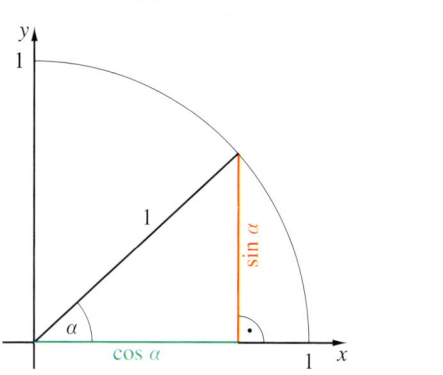

Allgemeines Dreieck

Flächeninhalt

$A = \dfrac{1}{2} \cdot b \cdot c \cdot \sin \alpha$

$A = \dfrac{1}{2} \cdot a \cdot b \cdot \sin \gamma, \quad A = \dfrac{1}{2} \cdot a \cdot c \cdot \sin \beta$

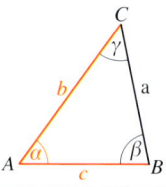

Besondere Werte

	0°	30°	45°	60°	90°
$\sin \alpha$	0	$\dfrac{1}{2}$	$\dfrac{1}{2} \cdot \sqrt{2}$	$\dfrac{1}{2} \cdot \sqrt{3}$	1
$\cos \alpha$	1	$\dfrac{1}{2} \cdot \sqrt{3}$	$\dfrac{1}{2} \cdot \sqrt{2}$	$\dfrac{1}{2}$	0
$\tan \alpha$	0	$\dfrac{1}{3} \cdot \sqrt{3}$	1	$\sqrt{3}$	∞

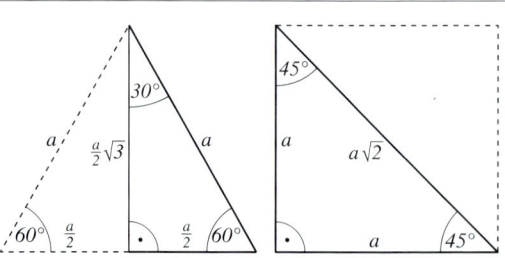

Trigonometrie

Bogenmaß, Gradmaß

Beim Bogenmaß wird jedem Winkel α das Verhältnis $\frac{b}{r}$ von Bogenlänge und Radius zugeordnet.

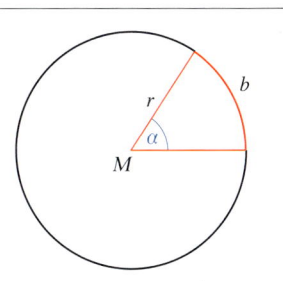

Ist α das Gradmaß und x das Bogenmaß desselben Winkels, so gilt die Umrechnung:

$x = \frac{\alpha}{180°} \cdot \pi$ bzw. $\alpha = \frac{x}{\pi} \cdot 180°$

Sinusfunktion, Kosinusfunktion

$y = f(\alpha) = \sin \alpha$ $y = g(\alpha) = \cos \alpha$	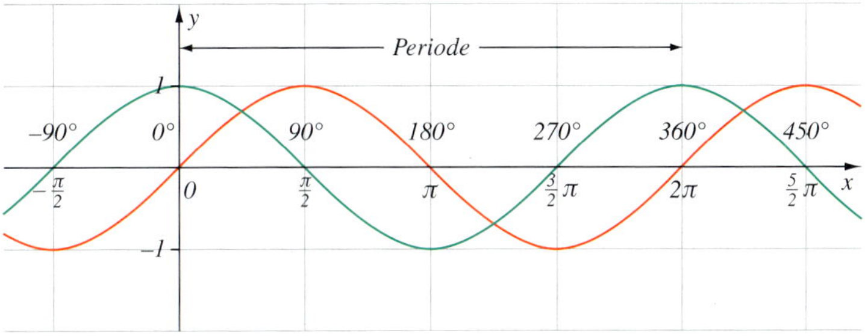
$y = f(\alpha) = a \cdot \sin \alpha$ für $a > 1$ für $a = 1$ für $0 < a < 1$	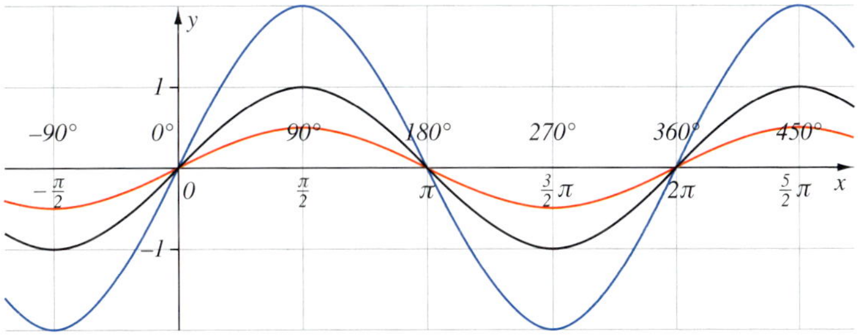
$y = f(\alpha) = \sin \alpha + b$ für $b > 0$ für $b = 0$ für $b < 0$	

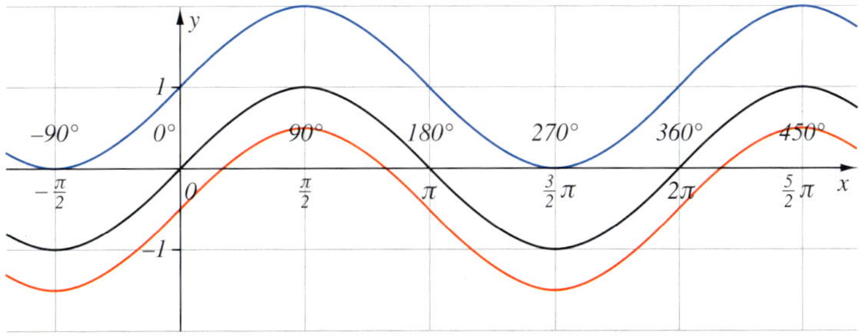

Prozente, Zinsen

Begriffe	Grundgleichung	Darstellung/Hinweise
G = Grundwert P = Prozentwert $p\% = \frac{p}{100}$ = Prozentsatz	$P = G \cdot p\%$ $P = G \cdot \frac{p}{100}$ $1\% = \frac{1}{100} = 0{,}01$	$p\% = 40\%$ 100% $P = 10$ $G = 25$
K = Kapital Z = Zinsen $p\%$ = Zinssatz t = Zeit in Tagen	Jahreszinsen: $Z = K \cdot p\%$ Tageszinsen: $Z = K \cdot p\% \cdot \frac{t}{360}$	Im Bankwesen gilt: 1 Monat hat 30 Tage. 1 Jahr hat 360 Tage.

Mehrere Prozentsätze

Begriffe	Grundgleichung	Darstellung
G_n = vermehrter/ verminderter Grundwert q = Veränderungsfaktor	$G_n = G \cdot q_1 \cdot q_2 \cdot \ldots \cdot q_n$ $q = 1 + p\%$ bzw. $1 - p\%$	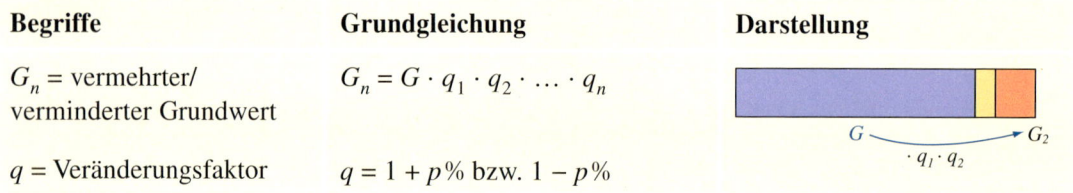

Wachstumsprozesse, Zinzeszinsen

Begriffe	exponentielle Zunahme	exponentielle Abnahme
W_0 = Anfangswert W_n = Wert nach n Schritten q = Wachstumsfaktor n = Anzahl der Schritte $p\%$ = prozentuale Zu- oder Abnahme	$W_n = W_0 \cdot q^n$ $q = 1 + p\%$	$W_n = W_0 \cdot q^n$ $q = 1 - p\%$

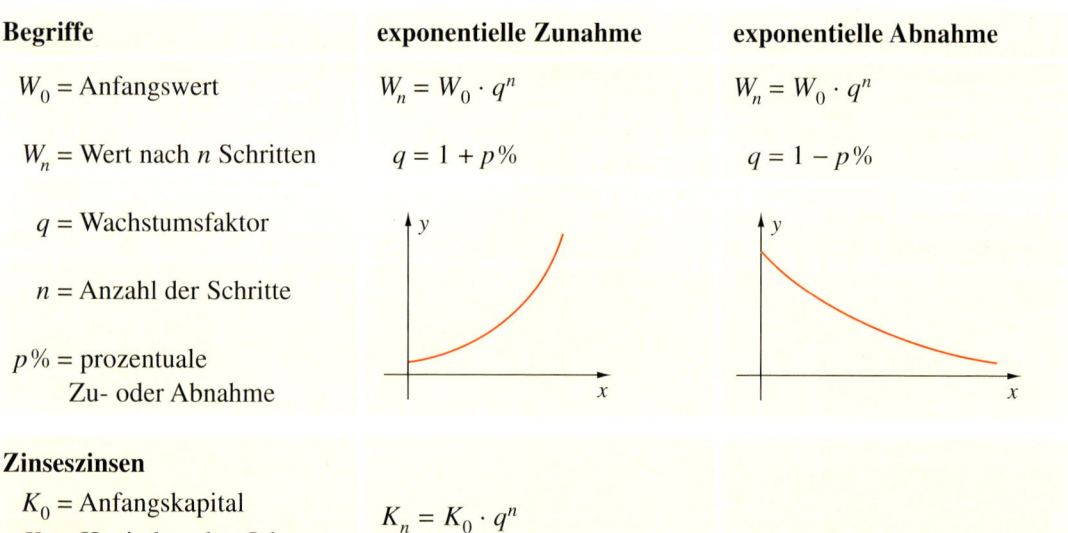

Zinseszinsen

K_0 = Anfangskapital
K_n = Kapital nach n Jahren
q = Zinsfaktor
n = Anzahl der Jahre

$K_n = K_0 \cdot q^n$

$q = 1 + p\%$

Häufigkeit

Strichliste

Verkehrsmittel	
Auto	IIII
Bus	IIII
Fahrrad	IIII IIII
zu Fuß	IIII I

Häufigkeitsliste

Verkehrs-mittel	absolute Häufigkeit	relative Häufigkeit	
Auto	4	$\frac{4}{25}$	16 %
Bus	5	$\frac{5}{25}$	20 %
Fahrrad	10	$\frac{10}{25}$	40 %
zu Fuß	6	$\frac{6}{25}$	24 %

Die **absolute** Häufigkeit gibt an, wie oft ein bestimmtes Ergebnis eintritt.

Die **relative** Häufigkeit gibt den Anteil der Ergebnisse an: $\frac{\text{absolute Häufigkeit der Ergebnisse}}{\text{Gesamtzahl der Ergebnisse}}$

Diagrammarten

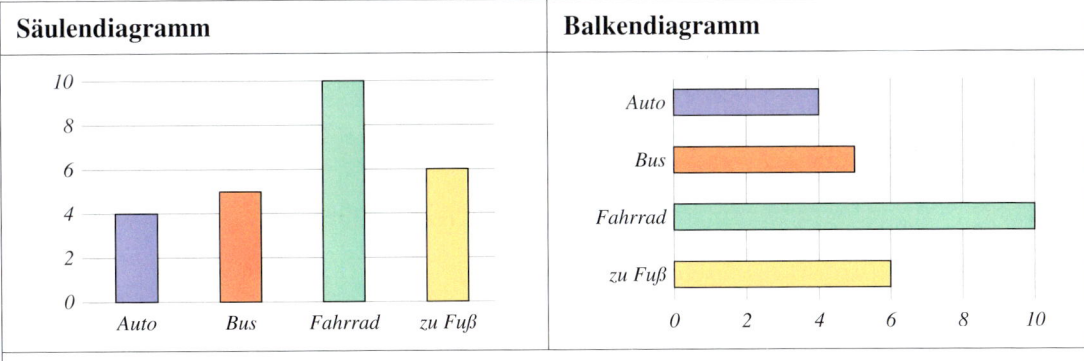

Die Diagramme eignen sich zur Darstellung von **absoluten** Häufigkeiten.

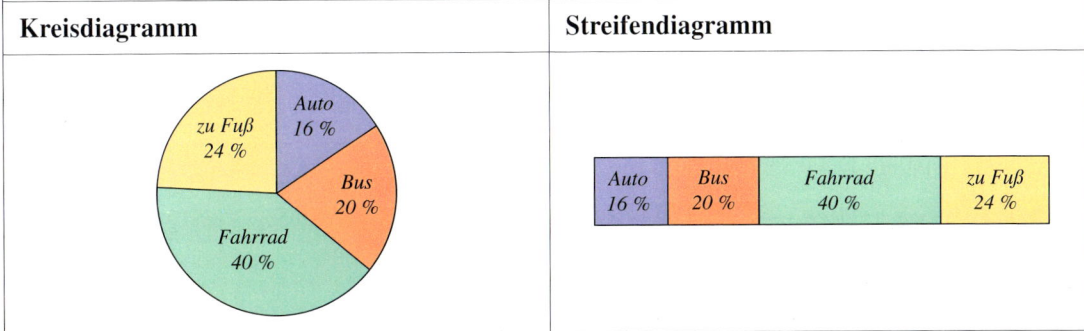

Die Einzelwerte sind Anteile von einem Ganzen.
Die Diagramme eignen sich zur Darstellung von **relativen** Häufigkeiten.

Statistische Grundbegriffe und Kennwerte

Urliste	ungeordnete Darstellung einer Datenreihe	13; 16; 6; 7; 1; 11; 3; 6; 9
Rangliste	geordnete Darstellung einer Datenreihe	1; 3; 6; 6; 7; 9; 11; 13; 16
Umfang n	Anzahl aller Werte	$n = 9$
Minimum Min.	kleinster Wert einer Datenreihe	Min. = 1
Maximum Max.	größter Wert einer Datenreihe	Max. = 16
Spannweite w	Unterschied (Differenz) zwischen Minimum und Maximum	$w = 16 - 1 = 15$
Modalwert m	häufigster Wert in einer Datenreihe	$m = 6$
Mittelwert $\bar{x}$ (arithmetisches Mittel)	$\bar{x} = \dfrac{\text{Summe aller Werte}}{\text{Anzahl aller Werte}}$	$\bar{x} = \dfrac{1+3+6+6+7+9+11+13+16}{9} = 8$
Median z (Zentralwert)	Der Wert, der genau in der Mitte einer geordneten Datenreihe liegt. *Falls die Datenanzahl gerade ist, muss z als Mittelwert der beiden mittleren Werte berechnet werden.*	Rangplatz p des Medians: $p(z) = 5$ $z = 7$
Quartile	Quartile teilen eine geordnete Datenreihe in vier (annähernd) gleich große Abschnitte auf.	
unteres Quartil q_u	liegt in der Rangliste in der Mittelposition zwischen Minimum und Zentralwert	$p(q_u) = 3$ $q_u = 6$
oberes Quartil q_o	liegt in der Rangliste in der Mittelposition zwischen Zentralwert und Maximum	$p(q_o) = 7$ $q_o = 11$
Quartilsabstand q	$q = q_o - q_u$	$q = 11 - 6 = 5$

Boxplot-Diagramm

Der Boxplot ist ein Diagramm, in dem die Verteilung der Daten grafisch dargestellt wird.

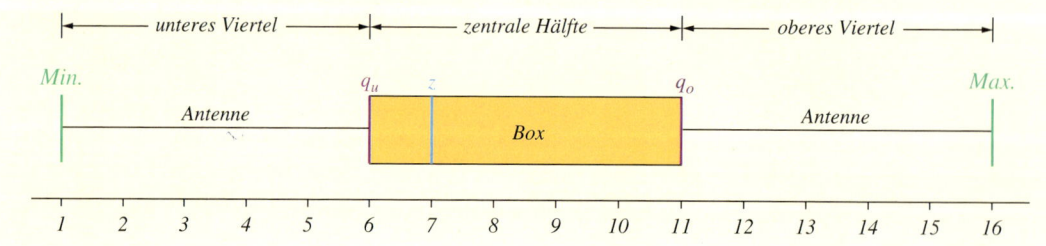

Quartile berechnen

1. Umfang n der Rangliste bestimmen.
2. Rangplatz p des Medians bestimmen: $p(z) = \frac{n+1}{2}$
3. n ungerade: Median z am Rangplatz $p(z)$ ablesen.
   n gerade: z ist der Mittelwert der beiden mittleren Werte.
4. Rangplätze der Quartile entsprechend den Beispielen bestimmen.

Umfang n ungerade: Der Median liegt auf einem Datenpunkt.

Beispiel $n = 9$: Die Quartile liegen auf einem Datenpunkt.

	0	2	4	6	8	10	12	14	16
p:	1	2	3	4	5	6	7	8	9

$p(q_u) = \frac{1+5}{2} = 3 \rightarrow q_u = 4$ $\quad p(z) = \frac{9+1}{2} = 5 \rightarrow z = 8 \quad$ $p(q_o) = \frac{5+9}{2} = 7 \rightarrow q_o = 12$

Beispiel $n = 11$: Die Quartile q_u und q_o liegen zwischen zwei Datenpunkten.

	0	2	4	6	8	10	12	14	16	18	20
p:	1	2	3	4	5	6	7	8	9	10	11

$p(q_u) = \frac{1+6}{2} = 3{,}5 \quad\quad p(z) = \frac{11+1}{2} = 6 \quad\quad p(q_o) = \frac{6+11}{2} = 8{,}5$

$\rightarrow q_u = \frac{4+6}{2} = 5 \quad\quad\quad \rightarrow z = 10 \quad\quad\quad\quad \rightarrow q_o = \frac{14+16}{2} = 15$

Umfang n gerade: Der Median liegt zwischen zwei Datenpunkten.

Beispiel $n = 10$: Die Quartile q_u und q_o liegen auf einem Datenpunkt.

	0	2	4	6	8	10	12	14	16	18
p:	1	2	3	4	5	6	7	8	9	10

$p(q_u) = \frac{1+5}{2} = 3 \rightarrow q_u = 4 \quad p(z) = \frac{10+1}{2} = 5{,}5 \rightarrow z = \frac{8+10}{2} = 9 \quad p(q_o) = \frac{6+10}{2} = 8 \rightarrow q_o = 14$

Beispiel $n = 12$: Die Quartile liegen zwischen zwei Datenpunkten.

	0	2	4	6	8	10	12	14	16	18	20	22
p:	1	2	3	4	5	6	7	8	9	10	11	12

$p(q_u) = \frac{1+6}{2} = 3{,}5 \quad\quad p(z) = \frac{12+1}{2} = 6{,}5 \quad\quad p(q_o) = \frac{7+12}{2} = 9{,}5$

$\rightarrow q_u = \frac{4+6}{2} = 5 \quad\quad\quad \rightarrow z = \frac{10+12}{2} = 11 \quad\quad \rightarrow q_o = \frac{16+18}{2} = 17$

Wahrscheinlichkeit

Wahrscheinlichkeit

Ein **Laplace-Experiment** liegt vor, wenn alle Ergebnisse gleich wahrscheinlich sind.		Beispiel: Das Glücksrad wird gedreht. 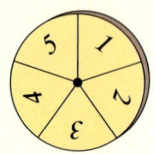
Ein **Ereignis** E fasst bestimmte **Ergebnisse** eines Zufallsexperiments zusammen.		
Wahrscheinlichkeit P eines **Ereignisses**	$P(E) = \frac{\text{Anzahl der günstigen Ergebnisse } (g)}{\text{Anzahl der möglichen Ergebnisse } (n)}$	$P(\text{gerade Zahl}) = \frac{2}{5} = 40\%$
Alle ungünstigen Ergebnisse ergeben das **Gegenereignis** $\overline{E}$	$P(\overline{E}) = 1 - P(E)$	$P(\overline{E}) = P(\text{ungerade Zahl})$ $P(\overline{E}) = 1 - \frac{2}{5} = \frac{3}{5} = 60\%$
sicheres Ereignis	$P(E) = 1$	Zahl zwischen 1 und 5
unmögliches Ereignis	$P(E) = 0$	Zahl > 5

Pfadregeln

Produktregel (1. Pfadregel)	Die Wahrscheinlichkeit eines Ergebnisses ist gleich dem Produkt der Wahrscheinlichkeiten längs des Pfades, der zu dem Ergebnis führt.	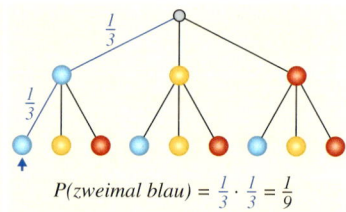
Summenregel (2. Pfadregel)	Die Wahrscheinlichkeit eines Ereignisses ist gleich der Summe der Wahrscheinlichkeiten aller Pfade, die für dieses Ereignis günstig sind.	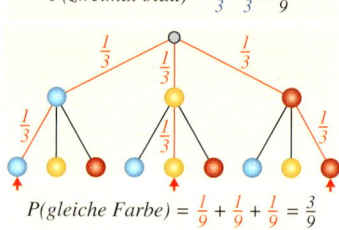

Ziehen mit und ohne Zurücklegen

Eine Kugel wird gezogen und wieder **zurückgelegt**.

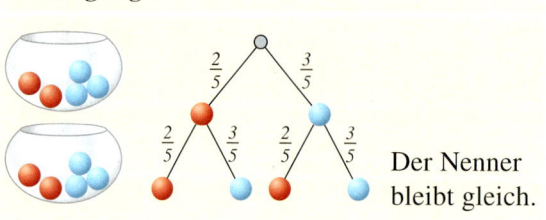

Der Nenner bleibt gleich.

Eine Kugel wird gezogen und **nicht zurückgelegt**.

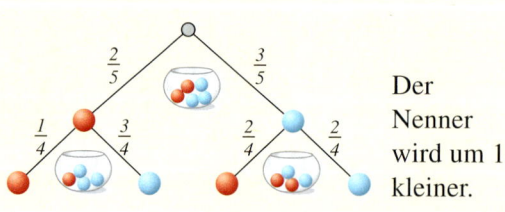

Der Nenner wird um 1 kleiner.

Wahrscheinlichkeit

Kreuztabelle

Mit einer Kreuztabelle lassen sich für manche Zufallsexperimente die Wahrscheinlichkeiten einfach ermitteln und vergleichen.

Beispiel:
Ein Spielwürfel wird zweimal geworfen. Wie groß ist die Wahrscheinlichkeit für eine Augensumme größer als 9?

$$P(>9) = \frac{6}{36} = \frac{1}{6} = 16{,}7\,\%$$

Einfache Kombinationen

Mithilfe dieser drei Strategien kann man die Anzahl aller möglichen Kombinationen bestimmen:

Beispiel: Die Buchstaben A und B werden mit den Ziffern 1, 2 und 3 kombiniert.

① Systematisch notieren
$A1; A2; A3$
$B1; B2; B3$

② Baumdiagramm zeichnen

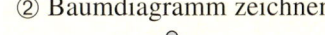
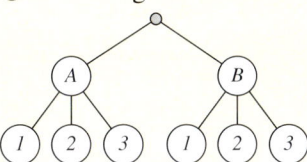

③ Tabelle erstellen

	1	2	3
A	A1	A2	A3
B	B1	B2	B3

Erwartungswert

$E(x)$ = Erwartungswert
n = Anzahl der möglichen Ergebnisse (ggf. einschließlich dem Einsatz)
x = Wert (Größe)
$P(x)$ = Wahrscheinlichkeit von x

$$E(x) = P(x_1) \cdot x_1 + P(x_2) \cdot x_2 + \ldots + P(x_n) \cdot x_n$$

Beispiel: Wird mit einem Spielwürfel eine Sechs gewürfelt, erhält man 3 €, für eine Eins gibt es 1,50 €, für alle anderen Ergebnisse wird nichts ausgezahlt. Der Einsatz beträgt 1 € und wird am Ende subtrahiert.

$$E(x) = \tfrac{1}{6} \cdot (+3\,\text{€}) + \tfrac{1}{6} \cdot (+1{,}50\,\text{€}) + 1 \cdot (-1\,\text{€}) = -0{,}25\,\text{€}$$

Beim Glücksspiel gilt auf lange Sicht: $E(x) > 0$: Gewinn; $E(x) < 0$: Verlust
$E(x) = 0$: faires Spiel

Bedingte Wahrscheinlichkeit

Bedingte Wahrscheinlichkeit $P_B(A)$: Wahrscheinlichkeit des Ereignisses A unter der Voraussetzung, dass Ereignis B mit der Wahrscheinlichkeit $P(B)$ bereits eingetreten ist.

$$P_B(A) = \frac{P(A \cap B)}{P(B)} \quad \text{für } P(B) > 0$$

Vierfeldertafel

Beispiel: Wie groß ist die Wahrscheinlichkeit, dass man unter den Brillenträgern einen Mann trifft?

	Brille	keine Brille	
Frau	7	8	15
Mann	11	6	17
	18	14	32

$$P_{Br}(Ma) = \frac{P(Ma \cap Br)}{P(Br)} = \frac{11}{18}$$

A und B sind genau dann **stochastisch unabhängig**, wenn gilt: $P_B(A) = P(A)$ bzw. $P_A(B) = P(B)$.

Physik

Bewegung

Größe	Einheit	Formel	Bezeichnungen/Hinweise
Gleichförmige Bewegung			
Geschwindigkeit v	$1\,\frac{m}{s}\left(\frac{Meter}{Sekunde}\right)$	$v = \frac{\Delta s}{\Delta t}$	s zurückgelegter Weg t benötigte Zeit
Gleichmäßig beschleunigte Bewegung			
Beschleunigung a	$1\,\frac{m}{s^2}$	$a = \frac{\Delta v}{\Delta t}$	v Momentangeschwindigkeit t Zeit
Weg s	$1\,m$	$s = \frac{1}{2} \cdot a \cdot t^2$	

Kräfte

Größe	Einheit	Formel	Bezeichnungen/Hinweise
Kraft F	1 N (Newton)	$F = m \cdot a$	F beschleunigende Kraft m beschleunigte Masse
Federkonstante D	$1\,\frac{N}{m}$	$D = \frac{F}{\Delta s}$	F dehnende Kraft Δs Längenänderung der Feder
Hebelkräfte		Hebelgesetz $F_1 \cdot s_1 = F_2 \cdot s_2$	F_1, F_2 Kräfte am Hebel s_1, s_2 Kraftarme

Zusammensetzung von Kräften

$\vec{F_1}$ und $\vec{F_2}$ sind gleich gerichtet. $F = F_1 + F_2$

$\vec{F_1}$ und $\vec{F_2}$ sind entgegengesetzt gerichtet. $F = F_1 - F_2$

Gravitation

Größe	Einheit	Formel	Bezeichnungen/Hinweise
$F_{Gravitation}$	1 N	$F = G \cdot \frac{m_1 \cdot m_2}{r^2}$	G Gravitationskonstante $G \approx 6{,}673 \cdot 10^{-11}\,m^3 \cdot kg^{-1} \cdot s^{-2}$ m_1, m_2 Masse der Körper
Fluchtgeschwindigkeit v	$1\,\frac{m}{s}$	$v = \sqrt{\frac{2 \cdot G \cdot M}{r}}$	r Radius des Planeten M Masse des Planeten
3. Keplersches Gesetz		$\frac{t_1^2}{t_2^2} = \frac{r_1^3}{r_2^3}$	t_1, t_2 Umlaufzeiten r_1, r_2 gr. Halbachsen der Bahnen

Energie und Leistung

Größe	Einheit	Formel	Bezeichnungen/Hinweise
Lageenergie E_{Lage}	1 J (Joule)	$E_{Lage} = m \cdot g \cdot h$	m Masse g Erdbeschleunigung $\left(9{,}81\,\frac{m}{s^2}\right)$ h Höhe
Leistung P	1 W (Watt)	$P = \frac{E}{t}$	$1\,W = 1\,\frac{J}{s}$

Physik

Gleichstrom

Größe	Einheit	Formel	Bezeichnungen/Hinweise
Spannung U	1 V (Volt)	$U = \dfrac{E}{Q}$	Energie pro Ladung Q
Strom I	1 A (Ampere)	$I = \dfrac{Q}{t}$	Ladung pro Zeit
Ladung Q	1 C (Coulomb)	$Q = I \cdot t$	
Widerstand R	1 Ω (Ohm)	$R = \dfrac{U}{I}$	Widerstandsberechnung nach dem Ohm'schen Gesetz
Widerstand R eines Drahtes	1 Ω	$R = \varrho \cdot \dfrac{l}{A}$	ϱ spezifischer Widerstand l Länge des Drahtes A Querschnitt des Drahtes
Leistung P	1 W	$P = U \cdot I$	1 W = 1 V · 1 A
Energie E	1 J	$E = P \cdot t$	1 J = 1 Ws = 1 Nm
Parallelschaltung		$U = U_1 = U_2 = \ldots = U_n$ $I_{ges} = I_1 + I_2 + \ldots + I_n$ $\dfrac{1}{R_{ges}} = \dfrac{1}{R_1} + \dfrac{1}{R_2} + \ldots + \dfrac{1}{R_n}$	
Reihenschaltung		$U_{ges} = U_1 + U_2 + \ldots + U_n$ $I = I_1 = I_2 = \ldots = I_n$ $R_{ges} = R_1 + R_2 + \ldots + R_n$	

Wechselstrom

Transformatorgesetze	$\dfrac{U_1}{U_2} = \dfrac{n_1}{n_2}$	$\dfrac{I_1}{I_2} = \dfrac{n_2}{n_1}$	U_1, U_2 Spannung I_1, I_2 Strom n_1, n_2 Windungszahl

Transistorschaltung

Größe	Einheit	Formel	Bezeichnungen/Hinweise
Emitterstrom I_E Basisstrom I_B Kollektorstrom I_C	1 A	$I_E = I_B + I_C$	
Stromverstärkung β		$\beta = \dfrac{I_C}{I_B}$	

Physik

Wärmelehre

Größe	Einheit	Formel	Bezeichnungen/Hinweise
Längenausdehnung Δl	1 m	$\Delta l = \alpha \cdot l \cdot \Delta T$	α Ausdehnungskoeffizient ΔT Temperaturänderung
Wärmemenge Q	1 J	$Q = c \cdot m \cdot \Delta T$	c spezifische Wärmekapazität m Masse
Wirkungsgrad η		$\eta = \dfrac{W_N}{W_Z}$	W_N genutzte Energie W_Z zugeführte Energie
Temperatur	K (Kelvin) °C (Celsius) °F (Fahrenheit)	Temperaturumrechnung $T_{Celsius} = T_{Kelvin} - 273{,}15$ $T_{Kelvin} = T_{Celsius} + 273{,}15$	$T_{Celsius} = (T_{Fahrenheit} - 32) : 1{,}8$ $T_{Fahrenheit} = 1{,}8 \cdot T_{Celsius} + 32$

Optik

Gesetze	Darstellung/Formel	Bezeichnungen/Hinweise
Reflexionsgesetz	*Einfallslot, Einfallswinkel α, Reflexionswinkel α', Spiegel*	Einfallswinkel α = Reflexionswinkel α'
Linsengleichung	$\dfrac{1}{f} = \dfrac{1}{g} + \dfrac{1}{b}$	g Gegenstandsweite b Bildweite G Gegenstandsgröße B Bildgröße F Brennpunkt f Brennweite

Akustik

Größe	Einheit	Formel	Bezeichnungen/Hinweise
Frequenz f	$1\ Hz = \dfrac{1}{s}$ (Hertz)	$f = \dfrac{n}{t} = \dfrac{1}{T}$	n Anzahl der Schwingungen t Zeit
Schwingungsdauer T	1 s	$T = \dfrac{t}{n} = \dfrac{1}{f}$	

Radioaktivität

Größe	Einheit	Formel	Bezeichnungen/Hinweise
Strahlungsaktivität A	$1\ Bq = \dfrac{1}{s}$ (Becquerel)	$A = \dfrac{n}{t}$	n Anzahl der zerfallenen Atome t Zeit

Technik und Informatik

Schaltzeichen

Symbol	Bezeichnung
	Leiter mit Abzweigung
	Schalter
	Tastschalter
	Glühlampe
	Glimmlampe
	Spannungsmessgerät
	Stromstärkemessgerät
	Motor
	Gleichspannung
	Wechselspannung
	Batterie
	Masse
	Erde
	Antenne
	Sicherung
	Widerstand
	einstellbarer Widerstand
	Potentiometer
	Fotowiderstand (LDR)
	Fotoelement (Solarzelle)
	Relais mit Wechsler
	Kaltleiter (PTC)
	Heißleiter (NTC)
	Kondensator
	Elektrolytkondensator
	Drehkondensator
	Spule
	Spule mit Eisenkern
	Transformator
	Klingel
	Mikrofon
	Kopfhörer
	Lautsprecher
	Verstärker
	Diode
	Zenerdiode
	Leuchtdiode (LED)
	Fotodiode
	npn-Transistor
	pnp-Transistor
	npn-Fototransistor
	pnp-Fototransistor

Farbcode für Widerstände

Farbe	1. Ziffer	2. Ziffer	Multiplikator	Toleranz
schwarz	0	0	× 1 Ω	–
braun	1	1	× 10 Ω	± 1 %
rot	2	2	× 100 Ω	± 2 %
orange	3	3	× 1000 Ω	–
gelb	4	4	× 10 000 Ω	–
grün	5	5	× 100 000 Ω	–
blau	6	6	× 1 000 000 Ω	–
violett	7	7	–	–
grau	8	8	–	–
weiß	9	9	–	–
gold	–	–	× 0,1 Ω	± 5 %
silber	–	–	× 0,01 Ω	± 10 %

Beispiel:

1. Ziffer = 2	2. Ziffer = 5	Multiplikator = 1000 Ω	Toleranz = 1 %
25		· 1000 Ω	± 1 %
	25 000 Ω		± 250 Ω

Der Widerstand liegt zwischen **24 750 Ω** und **25 250 Ω**

Algorithmenstrukturen

Bezeichnung	Formale Darstellung	Struktogramm
Folge (Sequenz)	Anweisung 1 Anweisung 2 … Anweisung n	Anweisung 1 / Anweisung 2 / … / Anweisung n
Einfache Auswahl (Bedingte Anweisung)	WENN Bedingung 　　DANN Anweisung	Bedingung – Ja: Anweisung / Nein: /
Auswahl (Verzweigung)	WENN Bedingung 　　DANN Anweisung 1 　　SONST 　　Anweisung 2	Bedingung – Ja: Anweisung 1 / Nein: Anweisung 2
gezählte Wiederholung (Zählschleife)	FÜR i von startwert BIS endwert (mit Schrittweite s) 　　Anweisungen	Für i = startwert bis endwert / Anweisungen
Wiederholung mit Eingangsbedingung	SOLANGE Bedingung 　　Anweisungen	Solange Bedingung / Anweisungen
Wiederholung mit Abschlussbedingung	Anweisungen BIS Bedingung	Anweisungen / bis Bedingung

Logische Schaltungen

Bezeichnungen/Hinweise:
A, B Eingänge; Y Ausgang; 0: es fließt kein Strom; 1: es fließt Strom

Name	Symbol nach IEC 60617	Wahrheitstabelle	Elektrische Schaltung
UND (AND)	A, B → & → Y	A B Y / 0 0 0 / 0 1 0 / 1 0 0 / 1 1 1	Schalter A und B in Reihe
ODER (OR)	A, B → ≥1 → Y	A B Y / 0 0 0 / 0 1 1 / 1 0 1 / 1 1 1	Schalter A und B parallel
XOR (ENTWEDER-ODER, Exklusiv-ODER)	A, B → =1 → Y	A B Y / 0 0 0 / 0 1 1 / 1 0 1 / 1 1 0	Wechselschalter A und B
NICHT (NOT)	A → 1 →o Y	A Y / 0 1 / 1 0	Öffner A
NOR (NICHT ODER)	A, B → ≥1 →o Y	A B Y / 0 0 1 / 0 1 0 / 1 0 0 / 1 1 0	Öffner A und B in Reihe
NAND (NICHT UND)	A, B → & →o Y	A B Y / 0 0 1 / 0 1 1 / 1 0 1 / 1 1 0	Öffner A und B parallel

Chemie

Periodensystem der Elemente

Hauptgruppen

Periode	I(1)	II(2)	III(13)	IV(14)	V(15)	VI(16)	VII(17)	VIII(18)
1	$^{1}_{1}$H Wasserstoff							$^{4}_{2}$He Helium
2	$^{7}_{3}$Li Lithium	$^{9}_{4}$Be Beryllium	$^{11}_{5}$B Bor	$^{12}_{6}$C Kohlenstoff	$^{14}_{7}$N Stickstoff	$^{16}_{8}$O Sauerstoff	$^{19}_{9}$F Fluor	$^{20}_{10}$Ne Neon
3	$^{23}_{11}$Na Natrium	$^{24}_{12}$Mg Magnesium	$^{27}_{13}$Al Aluminium	$^{28}_{14}$Si Silicium	$^{31}_{15}$P Phosphor	$^{32}_{16}$S Schwefel	$^{35}_{17}$Cl Chlor	$^{40}_{18}$Ar Argon
4	$^{39}_{19}$K Kalium	$^{40}_{20}$Ca Calcium	$^{69}_{31}$Ga Gallium	$^{74}_{32}$Ge Germanium	$^{75}_{33}$As Arsen	$^{80}_{34}$Se Selen	$^{79}_{35}$Br Brom	$^{84}_{36}$Kr Krypton
5	$^{85}_{37}$Rb Rubidium	$^{88}_{38}$Sr Strontium	$^{115}_{49}$In Indium	$^{120}_{50}$Sn Zinn	$^{121}_{51}$Sb Antimon	$^{130}_{52}$Te Tellur	$^{127}_{53}$I Iod	$^{132}_{54}$Xe Xenon
6	$^{133}_{55}$Cs Caesium	$^{138}_{56}$Ba Barium	$^{205}_{81}$Tl Thallium	$^{208}_{82}$Pb Blei	$^{209}_{83}$Bi Bismut	$^{(209)*}_{84}$Po Polonium	$^{(210)*}_{85}$At Astat	$^{(222)*}_{86}$Rn Radon
7	$^{(223)*}_{87}$Fr Francium	$^{(226)*}_{88}$Ra Radium	$^{(287)*}_{113}$Nh Nihonium	$^{(289)*}_{114}$Fl Flerovium	$^{(288)*}_{115}$Mc Moscovium	$^{(289)*}_{116}$Lv Livermorium	$^{(293)*}_{117}$Ts Tenness	$^{(294)*}_{118}$Og Oganesson

Erklärungen:

Massenzahl ▷ $^{12}_{6}$C Kohlenstoff
Ordnungszahl ▷

alle Isotope der Atomart sind radioaktiv
$^{(226)*}_{88}$Ra Radium

Isotope: gleiche Protonen-, aber verschiedene Neutronenzahl

Aggregatzustand
- Na fest
- Ne gasförmig
- Br flüssig

- Nichtmetall
- Metall
- Halbmetall

Nebengruppen

	IIIb(3)	IVb(4)	Vb(5)	VIb(6)	VIIb(7)	VIIIb(8,9,10)			Ib(11)	IIb(12)
4	$^{45}_{21}$Sc Scandium	$^{48}_{22}$Ti Titan	$^{51}_{23}$V Vanadium	$^{52}_{24}$Cr Chrom	$^{55}_{25}$Mn Mangan	$^{56}_{26}$Fe Eisen	$^{59}_{27}$Co Cobalt	$^{58}_{28}$Ni Nickel	$^{63}_{29}$Cu Kupfer	$^{64}_{30}$Zn Zink
5	$^{89}_{39}$Y Yttrium	$^{90}_{40}$Zr Zirconium	$^{93}_{41}$Nb Niob	$^{98}_{42}$Mo Molybdän	$^{(98)*}_{43}$Tc Technetium	$^{102}_{44}$Ru Ruthenium	$^{103}_{45}$Rh Rhodium	$^{106}_{46}$Pd Palladium	$^{107}_{47}$Ag Silber	$^{114}_{48}$Cd Cadmium
6	$^{175}_{71}$Lu Lutetium	$^{180}_{72}$Hf Hafnium	$^{181}_{73}$Ta Tantal	$^{184}_{74}$W Wolfram	$^{187}_{75}$Re Rhenium	$^{192}_{76}$Os Osmium	$^{193}_{77}$Ir Iridium	$^{195}_{78}$Pt Platin	$^{197}_{79}$Au Gold	$^{202}_{80}$Hg Quecksilber
7	$^{(260)*}_{103}$Lr Lawrencium	$^{(261)*}_{104}$Rf Rutherfordium	$^{(262)*}_{105}$Db Dubnium	$^{(263)*}_{106}$Sg Seaborgium	$^{(262)*}_{107}$Bh Bohrium	$^{(265)*}_{108}$Hs Hassium	$^{(266)*}_{109}$Mt Meitnerium	$^{(281)*}_{110}$Ds Darmstadtium	$^{(280)*}_{111}$Rg Roentgenium	$^{(277)*}_{112}$Cn Copernicium

Lanthanoide / Actinoide

6	$^{139}_{57}$La Lanthan	$^{140}_{58}$Ce Cer	$^{141}_{59}$Pr Praseodym	$^{144}_{60}$Nd Neodym	$^{(147)*}_{61}$Pm Promethium	$^{152}_{62}$Sm Samarium	$^{153}_{63}$Eu Europium	$^{158}_{64}$Gd Gadolinium	$^{159}_{65}$Tb Terbium	$^{164}_{66}$Dy Dysprosium	$^{165}_{67}$Ho Holmium	$^{166}_{68}$Er Erbium	$^{169}_{69}$Tm Thulium	$^{174}_{70}$Yb Ytterbium
7	$^{(227)*}_{89}$Ac Actinium	$^{(232)*}_{90}$Th Thorium	$^{(231)*}_{91}$Pa Protactinium	$^{(238)*}_{92}$U Uran	$^{(237)*}_{93}$Np Neptunium	$^{(244)*}_{94}$Pu Plutonium	$^{(243)*}_{95}$Am Americium	$^{(247)*}_{96}$Cm Curium	$^{(247)*}_{97}$Bk Berkelium	$^{(251)*}_{98}$Cf Californium	$^{(252)*}_{99}$Es Einsteinium	$^{(257)*}_{100}$Fm Fermium	$^{(258)*}_{101}$Md Mendelevium	$^{(259)*}_{102}$No Nobelium

Chemie

Wertigkeit

Ausgewählte Elemente der Hauptgruppen

	I	II	III	IV	V	VI	VII	VIII
1	·H I							
2	·Li I	·Be· II	·B· III	·C· II, IV	·N| III, V	|O| II	·F| I	
3	·Na I	·Mg· II	·Al· III	·Si· IV	·P| III, V	|S| II, IV, VI	·Cl| I	
4	·K I	·Ca· II					·Br| I	

· bedeutet Außenelektron   \| bedeutet Außenelektronenpaar

Weitere Wertigkeiten von ausgewählten Elementen aus den Nebengruppen:
Fe II, III   Cu I, II   Zn II   Ag I   Hg II   Pb II, IV

Elektronegativität

Ausgewählte Elemente der Hauptgruppen

	I	II	III	IV	V	VI	VII	VIII
1	H 2,2							
2	Li 1,0	Be 1,5	B 2,0	C 2,5	N 3,1	O 3,5	F 4,1	
3	Na 1,0	Mg 1,2	Al 1,5	Si 1,7	P 2,1	S 2,4	Cl 2,8	
4	K 0,9	Ca 1,0	Ga 1,8	Ge 2,0	As 2,2	Se 2,5	Br 2,7	

Chemische Elemente

Ac	Actinium	Cr	Chrom	In	Indium	Ns	Nielsbohrium	Sg	Seaborgium
Ag	Silber	Cs	Caesium	Ir	Iridium	O	Sauerstoff	Si	Silicium
Al	Aluminium	Cu	Kupfer	K	Kalium	Os	Osmium	Sm	Samarium
Am	Americium	Dy	Dysprosium	Kr	Krypton	P	Phosphor	Sn	Zinn
Ar	Argon	Er	Erbium	Ku	Kurtschatovium	Pa	Protactinium	Sr	Strontium
As	Arsen	Es	Einsteinium	La	Lanthan	Pb	Blei	Ta	Tantal
At	Astat	Eu	Europium	Li	Lithium	Pd	Palladium	Tb	Terbium
Au	Gold	F	Fluor	Lr	Lawrencium	Pm	Promethium	Te	Technetium
B	Bor	Fe	Eisen	Lu	Lutetium	Po	Polonium	Te	Tellur
Ba	Barium	Fm	Fermium	Md	Mendelevium	Pr	Praseodym	Th	Thorium
Be	Beryllium	Fr	Francium	Mg	Magnesium	Pt	Platin	Ti	Titan
Bi	Bismut	Ga	Gallium	Mn	Mangan	Pu	Plutonium	Tl	Thallium
Bk	Berkelium	Gd	Gadolinium	Mo	Molybdän	Ra	Radium	Tm	Thulium
Br	Brom	Ge	Germanium	Mt	Meitnerium	Rb	Rubidium	U	Uran
C	Kohlenstoff	H	Wasserstoff	N	Stickstoff	Re	Rhenium	V	Vanadium
Ca	Calcium	Ha	Hahnium	Na	Natrium	Rh	Rhodium	W	Wolfram
Cd	Cadmium	He	Helium	Nb	Niob	Rn	Radon	Xe	Xenon
Ce	Cer	Hf	Hafnium	Nd	Neodym	Ru	Ruthenium	Y	Yttrium
Cf	Californium	Hg	Quecksilber	Ne	Neon	S	Schwefel	Yb	Ytterbium
Cl	Chlor	Ho	Holmium	Ni	Nickel	Sb	Antimon	Zn	Zink
Cm	Curium	Hs	Hassium	No	Nobelium	Sc	Scandium	Zr	Zirconium
Co	Kobalt	I	Iod	Np	Neptunium	Se	Selen		

Chemie

pH-Wert und Farbe von Universalindikator

0	1	2	3	4	5	6	7	8	9	10	11	12	13	14
← zunehmend sauer							neutral				zunehmend alkalisch →			
3,65%-ige Salzsäure	Magensaft	Zitronensaft	Wein		reiner Regen	Milch	reines Wasser	Meerwasser	Seifenlösung		Kalkwasser	Salmiakgeist		4%-ige Natronlauge

Nachweisreaktionen

Stoff	Nachweisreaktion
Wasserstoff	Knallgasprobe → verbrennt explosionsartig
Sauerstoff	Glimmspanprobe → flammt auf
Kohlendioxid	Kalkwasser → trübt sich
Säuren	Universalindikatorpapier → rote Färbung
Laugen	Universalindikatorpapier → blaue Färbung
Wasser	Watesmopapier → tiefblaue Färbung
Chloride	Silbernitratlösung → weißer Niederschlag
Sulfate	Bariumchloridlösung → weißer, feinkristalliner Niederschlag
Traubenzucker	Glukoseteststreifen → grüne Färbung
Stärke	Iod-Kaliumiodid-Lösung → tiefblaue, blauviolette bis schwarze Färbung
reduzierende Zucker	Fehlingsche Lösung + Erhitzen → gelbrote oder rotbraune Färbung

Bindungsbestreben mit Sauerstoff

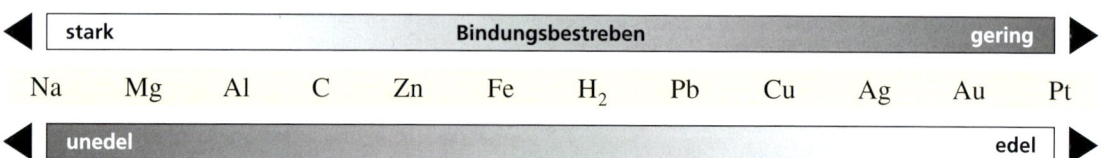

← stark   Bindungsbestreben   gering →

Na   Mg   Al   C   Zn   Fe H_2 Pb   Cu   Ag   Au   Pt

← unedel   edel →

Chemie

Gefahrenpiktogramme

Explosions-gefahr	entzündlich	brandfördernd	Gase unter Druck	ätzend
giftig	gesundheits-schädlich	gesundheits-gefährdend	umwelt-gefährlich	

Wichtige Laborgeräte

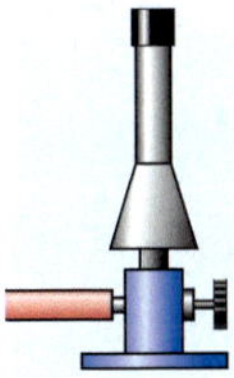

Gasbrenner	 Dreifuß	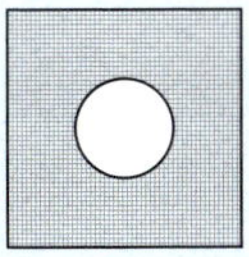 Keramik-Drahtnetz	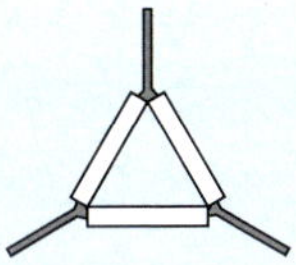 Tondreieck	 Spritzflasche	 Abdampfschale	 Reibschale, Pistill
 Reagenzglas	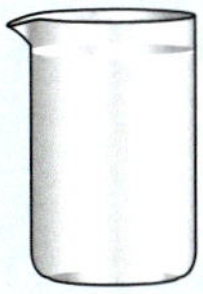 Becherglas	 Rundkolben	 Erlenmeyerkolben	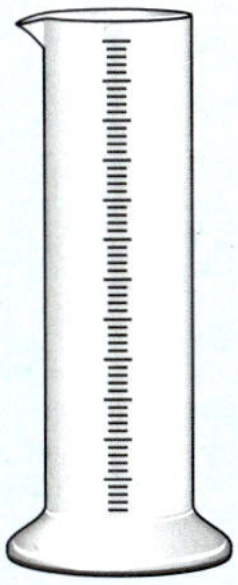 Messzylinder	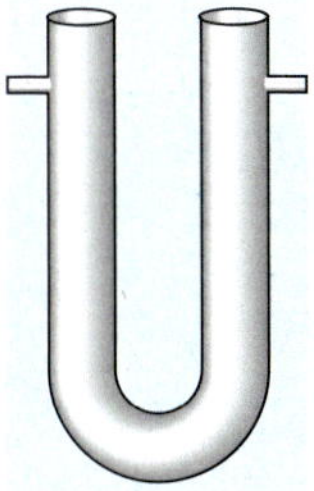 U-Rohr mit Ansatz	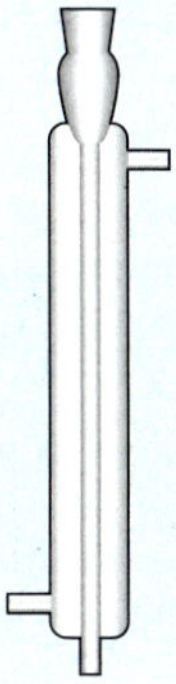 Liebigkühler
 Trichter	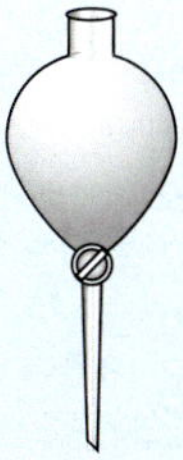 Scheidetrichter	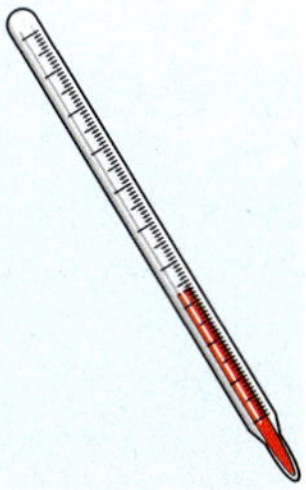 Thermometer	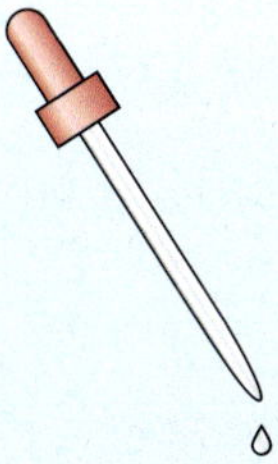 Tropfpipette	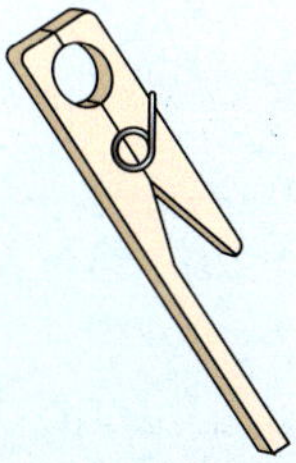 Reagenzglashalter	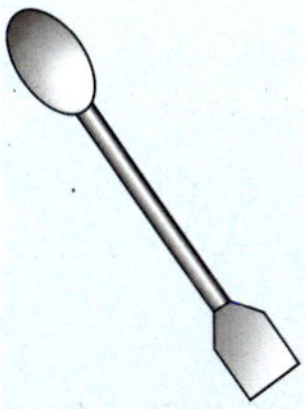 Spatellöffel	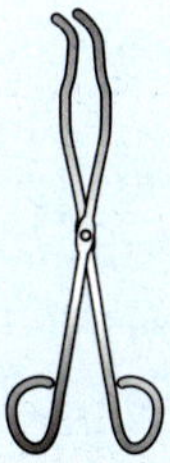 Tiegelzange

Chemie

Eigenschaften von Stoffen

Feste Stoffe	Dichte bei 20 °C in $\frac{g}{cm^3}$	Spezifische Wärmekapazität in $\frac{kJ}{kg \cdot K}$	Schmelz-temperatur in °C	Siede-temperatur in °C
Aluminium (Al)	2,70	0,896	660	2400
Beton	1,8–2,5	0,84		
Blei (Pb)	11,35	0,129	327	1750
Eisen (Fe)	7,86	0,452	1535	2800
Glas	2,23	0,799	815	
Gold (Au)	19,30	0,129	1063	2660
Kochsalz (NaCl)	2,16	0,854	808	1461
Kohlenstoff (C)	2,2–3,5	0,711	3800	4400
Kupfer (Cu)	8,93	0,385	1083	2582
Platin (Pt)	21,45	0,134	1769	4300
Plexiglas	1,16	1,3–2,1	110	
Porzellan	2,30	0,846	1670	
Sand	1,5	0,84		
Schwefel, gelb (S)	2,07		112	444
Silber (Ag)	10,50	0,237	961	2180
Styropor	0,017	1,5		
Zink (Zn)	7,12	0,381	420	907
Zinn (Sn)	7,30	0,226	232	2680
Flüssigkeiten				
Alkohol (Ethanol)	0,789	2,40	–114	78
Ether	0,174		–116,2	34,5
Glycerin	1,260	2,39	18	291
Quecksilber (Hg)	13,546	0,138	–39	357
Wasser (H_2O)	0,998	4,18	0	100
Gase in g/Liter				
Ammoniak (NH_3)	0,771		–77,7	–33,3
Chlor (Cl_2)	3,214		–100,38	–34,6
Chlorwasserstoff (HCl)	1,005		–114	–84,9
Helium (He)	0,179	5,23	–273	–269
Kohlendioxid (CO_2)	1,977	0,837	–78 (unter Druck)	–57 (sublimiert)
Luft	1,293	1,00	–213	–193
Methan (CH_4)	0,555		–182,5	–164
Sauerstoff (O_2)	1,429	0,92	–219	–183
Stickstoff (N_2)	1,251		–210	–196
Wasserstoff (H_2)	0,09	14,3	–259	–252

Stichwortverzeichnis

Mathematik

Stichwort	Seite
Ähnlichkeitssätze	11
arithmetisches Mittel	22
Assoziativgesetz	4
Basis	5
Baumdiagramme	24, 25
bedingte Wahrscheinlichkeit	25
binomische Formeln	4
Bogenmaß	19
Boxplot	22
Definitionsmenge	2
Diagramme	21, 22
Diskriminante	6
Distributivgesetz	4
Drachen	14
Ereignis	24
Ereignisse, Unabhängigkeit	25
Ergebnis	24
Erwartungswert	25
Exponent	5
Exponentialfunktion	9
Flächenberechnung	13, 14
Flächeninhalt, Dreieck	13, 18
Flächenmaße	3
Flächensätze	13
Gegenereignis	24
Gewichte	3
griechische Buchstaben	2
griechische Zahlwörter	2
Grundmenge	2
Grundwert	20
Häufigkeit	21
Häufigkeitsliste	21
Höhe im Dreieck	12
Höhensatz	13
Hohlmaße	3
Hyperbel	8
Hypotenuse	13, 18
Inkreis im Dreieck	12
Jahreszinsen	20
Kapital	20
Kathetensatz	13
Kommutativgesetz	4
kongruent	2, 11
Kongruenzsätze	11
Kosinus (cos)	18, 19
Kreis	15
Kreisabschnitt	15
Kreisausschnitt	15
Kreisbogen	15
Kreiskegel	17
Kreisring	15
Kreuztabelle	25
Kugel	16
Längenmaße	3
Laplace-Wahrscheinlichkeit	24
lineare Funktionen	6
Logarithmen	5
Lösungsmenge	2
Mantelfläche	16, 17
Maßeinheiten	3
Median	22, 23
Mittelsenkrechte im Dreieck	12
Mittelwert	22
Mitternachtsformel	6
Modalwert	22
Nebenwinkel	10
Normalform	6, 7
Oberfläche	16, 17
Ortslinien	12
Parabel	7, 8
Parallelogramm	14
Pfadregeln	24
Potenzen	5
pq-Formel	6
Prisma	16
Produktregel	24
proportional	2
Prozent	20
Prozentsatz	20
Prozentwert	20
Pyramide	17
Pythagoras, Satz des	13
Quader	16
Quadrat	14
quadratische Ergänzung	7
quadratische Funktionen	7
quadratische Gleichung	6
Quartile	22, 23
Rangliste	22
Raummaße	3
Raute	14
Rechengesetze	4, 5
Rechteck	14
Satz vom Nullprodukt	4
Satz von Vieta	6
Scheitelform	7, 8
Scheitelpunkt	7, 8
Scheitelwinkel	10
Schwerpunkt des Dreiecks	12
Sechseck	15
Sehne	15
Seitenhalbierende im Dreieck	12
Sekante	15
Sinus (sin)	18, 19
spitze Körper	17
Steigung	6
Strahlensätze	11
Strecke	2
Strichliste	21
Stufenwinkel	10
Summenregel	24
Tageszinsen	20
Tangens (tan)	18
Tangente	15
Thales, Satz des	13
Trapez	14
Trigonometrie	18, 19
Umfangsberechnung	13, 14
Umfangswinkel	13
Umkreis im Dreieck	12
Urliste	22
Vieleck	15
Vierecke	14
Vierfeldertafel	25
Volumen	16, 17
Wachstum	20
Wachstumsfaktor	20
Wahrscheinlichkeit	24
Wechselwinkel	10
Winkel	10
Winkelhalbierende im Dreieck	12
Winkelsummen	10
Würfel	16
Wurzelfunktionen	9
Wurzeln	5
Zahlwörter, griechisch	2
Zeichen, mathematische	2
Zentralwert	22, 23
zentrische Streckung	12
Ziehen mit Zurücklegen	24
Ziehen ohne Zurücklegen	24
Zinsen	20
Zinssatz	20
Zylinder	16

Physik, Chemie, Technik

Stichwort	Seite	Stichwort	Seite	Stichwort	Seite
3. Keplersches Gesetz	26	Gleichstrom	27	Schaltzeichen	29
Actinoide	32	Glimmspanprobe	34	Schmelztemperatur	36
Akustik	28	Gravitationskonstante	26	Schwingungsdauer	28
Algorithmenstrukturen	30	Gravitationskraft	26	Siedetemperatur	36
alkalisch	34	Hauptgruppen	32	Spannung	27
Ausdehnungskoeffizient	28	Hebelgesetz	26	spezifische	
Außenelektronen	33	Knallgasprobe	34	Wärmekapazität	28, 36
Auswahl	30	Kollektor	27	Stoffeigenschaften	36
Basis	27	Kraft	26	Strahlungsaktivität	28
Beschleunigung	26	Laborgeräte Chemie	35	Stromstärke	27
Bewegung	26	Ladung	27	Stromverstärkung	27
Bildweite	28	Längenausdehnung	28	Temperatur	28
Bindungsbestreben	34	Lanthanoide	32	Transformatorgesetze	27
Brennpunkt	28	Leistung	26, 27	Transistor	27
Brennweite	28	Linsengleichung	28	UND	31
chemische Elemente	32, 33	logische Schaltungen	31	Universalindikator	34
Dichte	36	Mechanik	26	Wärmekapazität,	
Einfallswinkel	28	Nachweisreaktionen	34	spezifische	28, 36
Elektrizitätslehre	27	NAND	31	Wärmelehre	28
Elektronegativität	33	Nebengruppen	32	Wärmemenge	28
Elemente	32, 33	neutral	34	Watesmopapier	34
Emitter	27	Newton	26	Wechselstrom	27
Energie	26, 27	NICHT	31	Wertigkeit	33
Farbcode für Widerstände	30	NOR	31	Widerstand	27
Federkonstante	26	ODER	31	Widerstand, Farbcode	30
Fehlingsche Lösung	34	Parallelschaltung	27, 31	Wiederholung mit	
Fluchtgeschwindigkeit	26	Periodensystem	32	Abschlussbedingung	30
Folge	30	pH-Wert	34	Wiederholung mit	
Frequenz	28	Radioaktivität	28	Eingangsbedingung	30
Gefahrenpiktogramme	35	Reflexionsgesetz	28	Wiederholung, gezählte	30
Gegenstandsweite	28	Reflexionswinkel	28	Wirkungsgrad	28
Geschwindigkeit	26	Reihenschaltung	27, 31	XOR	31
Gewichtskraft	26	sauer	34	Zerfallsreihen	Umschlag

Redaktion: Dr. Ulf Rothkirch
Zeichnungen: Detlef Seidensticker, München
Technische Umsetzung: CMS – Cross Media Solutions GmbH, Würzburg

www.cornelsen.de

1. Auflage, 1. Druck 2020

Alle Drucke dieser Auflage sind inhaltlich unverändert und können im Unterricht nebeneinander verwendet werden.

© 2020 Cornelsen Verlag GmbH, Berlin

Das Werk und seine Teile sind urheberrechtlich geschützt.
Jede Nutzung in anderen als den gesetzlich zugelassenen Fällen bedarf der vorherigen schriftlichen Einwilligung des Verlages. Hinweis zu §§ 60 a, 60 b UrhG:
Weder das Werk noch seine Teile dürfen ohne eine solche Einwilligung an Schulen oder in Unterrichts- und Lehrmedien (§ 60 b Abs. 3 UrhG) vervielfältigt, insbesondere kopiert oder eingescannt, verbreitet oder in ein Netzwerk eingestellt oder sonst öffentlich zugänglich gemacht oder wiedergegeben werden. Dies gilt auch für Intranets von Schulen.

Druck: H. Heenemann, Berlin

ISBN 978-3-06-001347-0

PEFC zertifiziert
Dieses Produkt stammt aus nachhaltig bewirtschafteten Wäldern und kontrollierten Quellen.

www.pefc.de